普通高等教育机电大类应用型系列规划教材

冷加工实训教程

范九红　主编

U0390998

科学出版社

北京

内 容 简 介

　　本书是针对机电大类学生金工实习过程当中的常见问题，以"培养学生工程理念为核心，按照实践导向、任务导向和问题导向"为思路开发编写的冷加工实训教程。教材内容按照从测绘到图纸，从图纸到工艺，从工艺到制造的实际生产过程，深入浅出地剖析了车工、铣工和基础钳工三门技能的基础知识和技能训练。旨在教学过程中培养学生信息集成、综合设计、整体优化和分析决策的综合应用能力。

　　本书适合作为高职以上机械、机电、汽车类专业金工实习实训的教学用书。

图书在版编目（CIP）数据

冷加工实训教程 / 范九红主编. —北京：科学出版社，2016.9
普通高等教育机电大类应用型系列规划教材
ISBN 978-7-03-049766-6

Ⅰ.①冷…　Ⅱ.①范…　Ⅲ.①冷加工-高等学校-教材　Ⅳ.①TG3

中国版本图书馆 CIP 数据核字（2016）第203258号

责任编辑：于海云 / 责任校对：桂伟利
责任印制：霍　兵 / 封面设计：迷底书装

科 学 出 版 社 出版

北京东黄城根北街 16 号
邮政编码：100717
http://www.sciencep.com

三河市骏杰印刷有限公司 印刷
科学出版社发行　各地新华书店经销

*

2016 年 9 月第　一　版　　　开本：787×1092 1/16
2016 年 9 月第一次印刷　　　印张：14 1/2
字数：371 000

定价：39.00 元
（如有印装质量问题，我社负责调换）

《冷加工实训教程》编委会

主　编　范九红

副主编　李　伟　　郭艳丽　　马　峰

参　编　孙雪娣　　马俊杰

主　审　武　燕　　张黎燕

前　言

随着我国现代制造业的发展，特别是 2015 年 5 月，我国出台了《中国制造 2025》纲领性文件，进一步推动了中国制造向智能制造的转型。智能制造的目的是通过设备柔性和计算机人工智能控制自动的完成设计、加工、控制管理过程，旨在解决高度变化的环境制造的有效性。面对这一新的工业时代，我们培养的人才再也不能是见木不见林的单一技术人员，如何着手知识综合能力的培养，已成为企业和学校共同关注的问题。作为新生入校的第一个实践教学环节，我们以"培养学生工程理念为核心，按照实践导向、任务导向和问题导向"为思路开发编写了本书。它是高职以上机械、机电、汽车类专业金工实习实训用教材。

本书的编写突破了传统实训教材单一的以技能训练为重点的教学方法，重视教学过程与生产过程相一致，实践能力与创新能力共协调的教学方法，把车工、铣工和基础钳工三门单一技能编写在同一本书中，内容主要包括：模块一（机械加工基础）、模块二（车削技能训练）、模块三（铣削技能训练）、模块四（钳工技能训练）、模块五（创新设计与制造）五个模块。在模块二、三、四当中融入了要求学生完成的零件测绘、零件图绘制、零件加工工艺分析、训练试题题库等内容，方便学生课上课下练习，意在培养学生基于工作过程的工程理念。在模块五中融入了鲁班锁的设计与制造，旨在启发学生运用所学知识，在教学过程中、在制造活动中锻炼信息集成、综合设计、整体优化和分析决策的综合应用能力。

本书由世界奥林匹克数控比赛国家队教练、全国数控大赛专家组成员王小芳老师指导，范九红担任主编，武燕、张黎燕担任主审。由李伟、郭艳丽、马峰担任副主编，具体编写分工如下：模块二由范九红编写。模块一及模块三中的项目一和项目二由李伟编写。模块三中的项目三由马俊杰编写。模块四项目一及项目二中的任务 1、2、3、4 由郭艳丽编写。模块四项目二中的任务 5、6 由孙雪娣编写。模块四中的项目三和项目四由马峰编写，模块五由范九红和马峰共同编写。此外本书在编写的过程中得到了付伟、和跟柱、潘浩亮等老师的帮助，在此表示感谢。

由于本书各模块工种是适宜于两周以内教学实习用内容，书中难免存在疏漏与不足，欢迎广大读者批评指正，在此表示衷心感谢。

编　者

2016 年 5 月 10 日

目　　录

模块 1　机械加工基础

模块 2　车削技能训练

模块 3　铣削技能训练

模块 4　钳工技能训练

模块 5　创新设计与制造

模块 ① 机械加工基础

项目一　轴类零件的测绘

任务 1　认识量具

任务目标：

（1）会使用游标卡尺测量零件。

（2）会使用千分尺测量零件。

一、游标卡尺

1. 游标卡尺结构型式

如图 1-1 所示游标卡尺，其测量范围为 0～125mm，制成带有刀口形的上下量爪和带有深度尺的型式。

2. 游标卡尺的功能

游标卡尺的功能如图 1-2 所示。

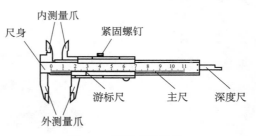

图 1-1　游标卡尺结构

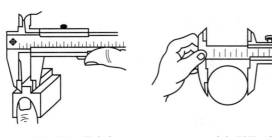

（a）测量工件宽度　　　　　（b）测量工件外径

（c）测量工件内径　　　　　（d）测量工件深度

图 1-2　游标卡尺的功能

3. 游标卡尺的读数原理和读数方法

游标卡尺的读数机构，是由主尺和游标（图 1-2）两部分组成的。当活动量爪与固定量爪贴合时，游标上的"0"刻线（简称游标零线）对准主尺上的"0"刻线，此时量爪间的距离为"0"；当尺框向右移动到某一位置时，固定量爪与活动量爪之间的距离，就是零件的测量尺寸；此时零件尺寸的整数部分，可在游标零线左边的主尺刻线上读出来，而比1mm小的小数部分，可借助游标读数机构来读出，现把游标读数值为0.02mm的游标卡尺的读数原理和读数方法介绍如下。

如图1-3所示，主尺每小格1mm，当两爪合并时，游标上的50格刚好等于主尺上的49mm，则游标每格间距=49mm÷50=0.98mm。

主尺每格间距与游标每格间距相差=1-0.98=0.02（mm）。

0.02mm即为此种游标卡尺的最小读数值。

在图1-3中，游标零线在42mm与43mm之间，游标上的5格刻线与主尺刻线对准。所以，被测尺寸的整数部分为42mm，小数部分为5×0.02=0.10（mm），被测尺寸为42+0.10=42.10（mm）。

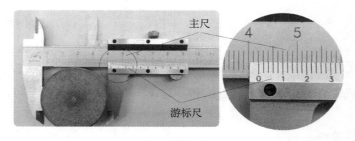

(a) 读数为42.10mm

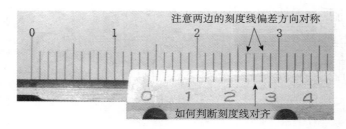

(b) 读数为14.26mm

图1-3　游标卡尺读数示意图

4. 游标卡尺的使用方法

量具使用得是否合理，不但影响量具本身的精度，而且直接影响零件尺寸的测量精度，甚至发生质量事故，对国家造成不必要的损失。所以，我们必须重视量具的正确使用，对测量技术精益求精，务使获得正确的测量结果，确保产品质量。

使用游标卡尺测量零件尺寸时，必须注意下列几点。

（1）测量前应把卡尺揩干净，检查卡尺的两个测量面和测量刃口是否平直无损，把两个量爪紧密贴合时，应无明显的间隙，同时游标和主尺的零位刻线要相互对准。这个过程称为校对游标卡尺的零位。

（2）移动尺框时，活动要自如，不应有过松或过紧，更不能有晃动现象。用紧固螺钉固定尺框时，卡尺的读数不应有所改变。在移动尺框时，不要忘记松开固定螺钉，亦不宜过松以免掉落。

（3）当测量零件的外尺寸时，卡尺两测量面的连线应垂直于被测量表面，不能歪斜。测量时，可以轻轻摇动卡尺，放正垂直位置，如图 1-4 所示。

否则，量爪若在如图 1-4 所示的错误位置上，将使测量结果 a 比实际尺寸 b 要大；先把卡尺的活动量爪张开，使量爪能自由地卡进工件，把零件贴靠在固定量爪上，然后移动尺框，用轻微的压力使活动量爪接触零件。如卡尺带有微动装置，此时可拧紧微动装置上的固定螺钉，再转动调节螺母，使量爪接触零件并读取尺寸。绝不可把卡尺的两个量爪调节到接近甚至小于所测尺寸，把卡尺强制卡到零件上。这样做会使量爪变形，或使测量面过早磨损，使卡尺失去应有的精度。

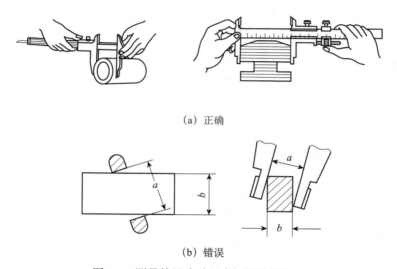

（a）正确

（b）错误

图 1-4　测量外尺寸时正确与错误的位置

测量沟槽时，应当用量爪的平面测量刃进行测量，尽量避免用端部测量刃和刀口形量爪去测量外尺寸。而对于圆弧形沟槽尺寸，则应当用刀口形量爪进行测量，不应当用平面形测量刃进行测量，如图 1-5 所示。

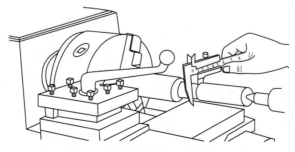

图 1-5　测量沟槽时正确的位置

测量沟槽宽度时，也要放正游标卡尺的位置，应使卡尺两测量刃的连线垂直于沟槽，不能歪斜，否则量爪若在如图 1-6 所示的错误的位置上，也将使测量结果不准确（可能大也可能小）。

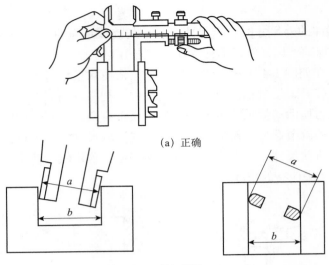

（a）正确

（b）错误

图 1-6 测量沟糟宽度时的位置

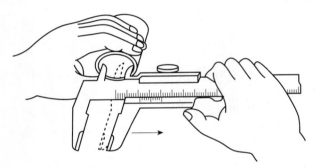

图 1-7 内孔的测量方法

（4）当测量零件的内尺寸时，如图 1-7 所示。要使量爪分开的距离小于所测内尺寸，进入零件内孔后，再慢慢张开并轻轻接触零件内表面，用固定螺钉固定尺框后，轻轻取出卡尺来读数。取出量爪时，用力要均匀，并使卡尺沿着孔的中心线方向滑出，不可歪斜，避免使量爪扭伤、变形和受到不必要的磨损，同时会使尺框走动，影响测量精度。

卡尺两测量刃应在孔的直径上，不能偏歪。图 1-8 为带有刀口形量爪和带有圆柱面形量爪的游标卡尺，在测量内孔时正确和错误的位置。当量爪在错误位置时，其测量结果将比实际孔径 D 要小。

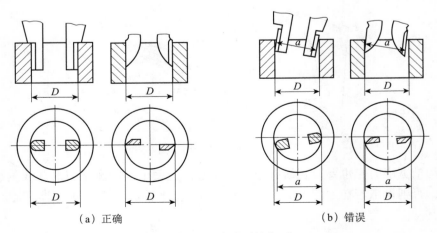

（a）正确　　　　　　　　　　　　　　（b）错误

图 1-8 测量内孔时的位置

二、千分尺

千分尺又称螺旋测微器、螺旋测微仪，是比游标卡尺更精密的测量长度的工具，用它测长度可以准确到 0.01mm，测量范围为几厘米。它的一部分加工成螺距为 0.5mm 的螺纹，当它在固定套管 B 的螺套中转动时，将前进或后退，活动套管 C 和螺杆连成一体，其周边等分成 50 分格。螺杆转动的整圈数由固定套管上间隔 0.5mm 的刻线测量，不足一圈的部分由活动套管周边的刻线测量。如图 1-9 所示。

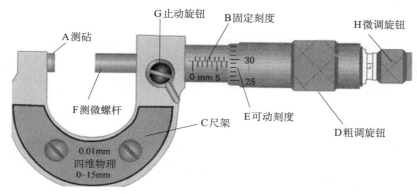

图 1-9　千分尺

1. 千分尺的组成

如图 1-9 中 F 为测杆，它的活动部分加工成螺距为 0.5mm 的螺杆，当它在固定套管 B 的螺套中转动一周时，螺杆将前进或后退 0.5mm，螺套周边有 50 个分格。大于 0.5mm 的部分由主尺上直接读出，不足 0.5mm 的部分由活动套管周边的刻线测量。所以用螺旋测微器测量长度时，读数也分为两步，即先从活动套管的前沿在固定套管的位置，读出主尺数（注意 0.5mm 的短线是否露出）。再从固定套管上的横线所对活动套管上的分格数，读出不到一圈的小数，二者相加就是测量值。

千分尺的尾端有一装置 H，拧动 H 可使测杆移动，当测杆和被测物相接后的压力达到某一数值时，棘轮将滑动并有咔咔的响声，活动套管不再转动，测杆也停止前进，这时就可以读数了。

不夹被测物而使测杆和小砧 A 相接时，活动套管上的零线应当刚好和固定套管上的横线对齐。实际操作过程中，由于使用不当，初始状态多少和上述要求不符，即有一个不等于零的读数。所以，在测量时要先看有无零误差，如果有，则须在最后的读数上去掉零误差的数值。

2. 千分尺原理和使用

千分尺是依据螺旋放大的原理制成的，即螺杆在螺母中旋转一周，螺杆便沿着旋转轴线方向前进或后退一个螺距的距离。因此，沿轴线方向移动的微小距离，就能用圆周上的读数表示出来。如图 1-10 所示，螺旋测微器的精密螺纹的螺距是 0.5mm，可动刻度有 50 个等分，可动刻度旋转一周，测微螺杆可前进或后退 0.5mm，因此旋转每个小分度，相当于测微螺杆前进或推后 0.5/50=0.01mm。可见，可动刻度每一小分度表示 0.01mm，所以螺旋测微器可准确到 0.01mm。由于还能再估读一位，可读到毫米的千分位，故称为千分尺。

测量时，当小砧和测微螺杆并拢时，可动刻度的零点若恰好与固定刻度的零点重合，

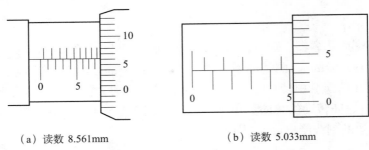

（a）读数 8.561mm　　　　　　（b）读数 5.033mm

图 1-10　千分尺的读数原理

旋出测微螺杆，并使小砧和测微螺杆的面正好接触待测长度的两端，注意不可用力旋转否则测量不准确，马上接触到测量面时慢慢旋转左右面的小型旋钮直至传出咔咔的响声，那么测微螺杆向右移动的距离就是所测的长度。这个距离的整毫米数由固定刻度上读出，小数部分则由可动刻度读出。

3. 螺旋测微器的注意事项

（1）测量时，在测微螺杆快靠近被测物体时应停止使用旋钮，而改用微调旋钮，避免产生过大的压力，既可使测量结果精确，又能保护螺旋测微器。

（2）在读数时，要注意固定刻度尺上表示半毫米的刻线是否已经露出。

（3）读数时，千分位有一位估读数字，不能随便扔掉，即使固定刻度的零点正好与可动刻度的某一刻度线对齐，千分位上也应读取为"0"。

（4）当小砧和测微螺杆并拢时，可动刻度的零点与固定刻度的零点不相重合，将出现零误差，应加以修正，即在最后测长度的读数上去掉零误差的数值。

4. 螺旋测微器的正确使用和保养

（1）检查零位线是否准确。

（2）测量时需把工件被测量面擦干净。

（3）工件较大时应放在 V 型铁或平板上测量。

（4）测量前将测量杆和砧座擦干净。

（5）拧活动套筒时需用棘轮装置。

（6）不要拧松后盖，以免造成零位线改变。

（7）不要在固定套筒和活动套筒间加入普通机油。

（8）用后擦净上油，放入专用盒内，置于干燥处。

5. 用千分尺测量加工零件的步骤和方法（表 1-1）

表 1-1　用千分尺测量加工零件的步骤和方法

序号	项目	实物图示	使用说明
1	检查千分尺	零线	（1）用棉纱将滑动面与测量面擦干净并检查有无缺陷；（2）松开止动锁，将测试棒置于两测量面之间；（3）转动棘轮，一是检查测量杆转动的情况，二是使两测量面贴合，直到棘轮打滑，检查零刻度线位置

续表

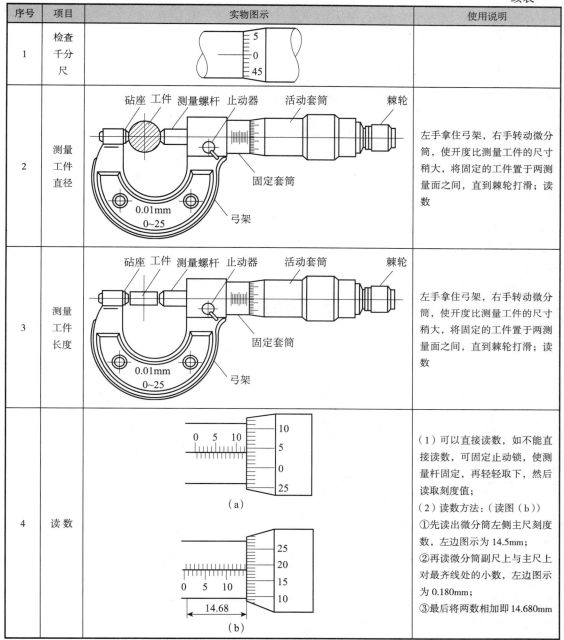

序号	项目	实物图示	使用说明
1	检查千分尺		
2	测量工件直径		左手拿住弓架，右手转动微分筒，使开度比测量工件的尺寸稍大，将固定的工件置于两测量面之间，直到棘轮打滑；读数
3	测量工件长度		左手拿住弓架，右手转动微分筒，使开度比测量工件的尺寸稍大，将固定的工件置于两测量面之间，直到棘轮打滑；读数
4	读数		（1）可以直接读数，如不能直接读数，可固定止动锁，使测量杆固定，再轻轻取下，然后读取刻度值； （2）读数方法：（读图（b）） ①先读出微分筒左侧主尺刻度数，左边图示为14.5mm； ②再读微分筒副尺上与主尺上对最齐线处的小数，左边图示为0.180mm； ③最后将两数相加即14.680mm

三、游标万能角度尺

万能角度尺是用来测量工件和样板的内、外角度以及角度划线的量具，其测量精度有2′和5′两种，测量范围为0°～320°。

1. 万能角度尺的结构

万能角度尺的结构如图1-11所示，主要由主尺、基尺、扇形板、游标、直角尺、直尺、卡块、制动头等部分组成。

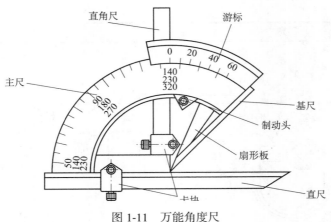

图 1-11　万能角度尺

2. 2′万能角度尺的读数原理

尺身刻线每格为 1°，游标共 30 格等分 29°，游标每格为 29°/30＝58′，尺身 1 格和游标 1 格之差为 2′。

万能角度尺测量不同范围角度的方法，分为 4 种组合方式，测量角度分别是 0°～50°、50°～140°、140°～230° 和 230°～320°，如图 1-12 所示。

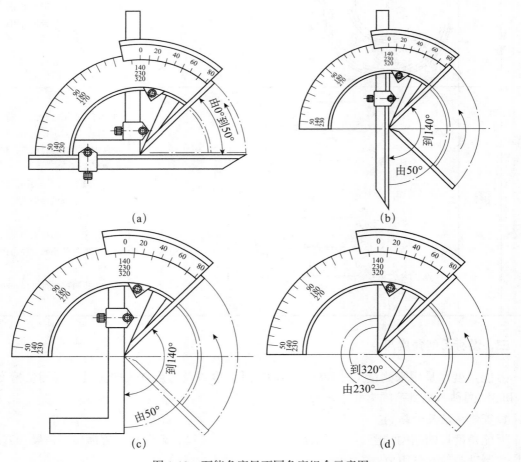

(a)　　　　　　　　　　　(b)

(c)　　　　　　　　　　　(d)

图 1-12　万能角度尺不同角度组合示意图

利用扇形角度的主尺、游标配合直角尺和直尺检查外角 α，如图 1-13（a）所示；利用主尺、游标尺配合直尺检查燕尾槽内角 α，如图 1-13（b）所示；利用主尺、游标尺配合直角尺检查外角 α，如图 1-13（c）所示；利用主尺和游标尺检查燕尾槽内角 α，如图 1-13（d）所示。

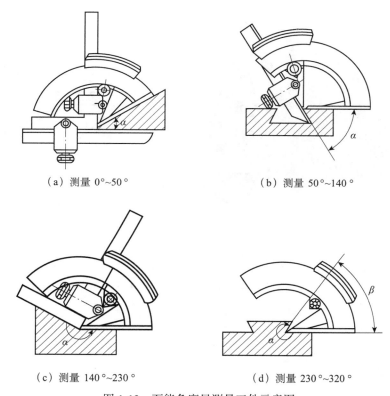

（a）测量 0°~50°　　　　　　　　　　　　（b）测量 50°~140°

（c）测量 140°~230°　　　　　　　　　　（d）测量 230°~320°

图 1-13　万能角度尺测量工件示意图

测量时，根据产品被测部位的情况，先调整好角尺或直尺的位置，用卡块上的螺钉把它们紧固住，再来调整基尺测量面与其他有关测量面之间的夹角。这时，要先松开制动头上的螺母，移动主尺作粗调整，然后再转动扇形板背面的微动装置作细调整，直到两个测量面与被测表面密切贴合。然后拧紧制动器上的螺母，把角度尺取下来进行读数。

3. 游标卡尺读数

万能角度尺的读数方法可分三步：先读"度"的数值，即看游标零线左边，主尺上最靠近一条刻线的数值，读出被测角"度"的整数部分，再从游标尺上读出"分"的数值，即看游标上哪条刻线与主尺相应刻线对齐，可以从游标上直接读出被测角"度"的小数部分，即"分"的数值，最后两者相加就是测量角度的数值。

四、塞尺

塞尺是用来检查两结合面之间的缝隙大小的，钳工也常常将工件放在标准平板上，然后用塞尺检测工件与平板之间的间隙来确定工件表面平面度误差。

塞尺有两平行的测量平面，如图 1-14（a）所示，它由一组薄钢片组成，其厚度为 0.03 ~ 0.1mm，中间每片相隔 0.01mm，厚度为 0.1 ~ 1mm，中间每片相隔 0.05mm。

使用时用塞尺直接塞进间隙如图 1-14（b）所示，当一片或数片（叠合）能进两贴合面之间时，则一片或数片的厚度（可由每片上和标记读出），即为两贴合面之间隙值。使用塞尺时必须先擦拭干净工件和尺面，测量时不能用力太大，以免尺片弯曲和折断。用完擦拭干净，及时合到夹板中。

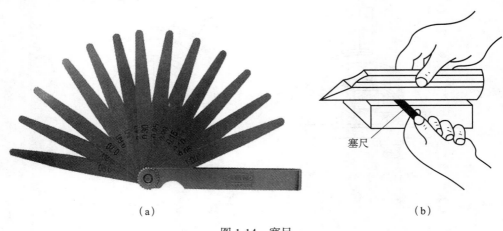

（a）　　　　　　　　　　　　　　　　　　（b）

图 1-14　塞尺

任务 2　绘图基本知识

 任务目标：

（1）了解零件图视图的画法。

（2）了解零件图的标注。

一、零件图

1. 零件图的作用

零件是组成机器或部件的基本单元。表示单个零件的结构、大小及技术要求的图样，称为零件图。零件图是指导机器零件生产的图样，是检验零件质量高低的依据（如按零件图内容加工零件，检验零件尺寸大小等），所以零件图是生产中的重要技术文件。

2. 零件图的内容

零件图内容如图 1-15 所示。

（1）一组视图：用必要的视图、剖视图、断面图及其他规定画法，将零件各部分结构和形状正确、完整、清晰地表达出来。

（2）全部尺寸：正确、完整、清晰、合理地标注出零件在制造和检验时所需的全部尺寸。

（3）技术要求：用规定的代号、文字等简明、准确地给出零件在制造和检验过程中所应达到的各项技术指标。主要有：①表面粗糙度（用粗糙度符号表示）；②尺寸公差与配合（用数字和字母表示）；③形位公差（用框格加符号表示）；④热处理及其他（用文字说明）。

（4）标题栏：填写零件名称、材料、比例、图号、单位名称及设计、审核、批准等有关人员的签字、日期等。每张图纸都应有标题栏，标题栏的方向一般为看图的方向。

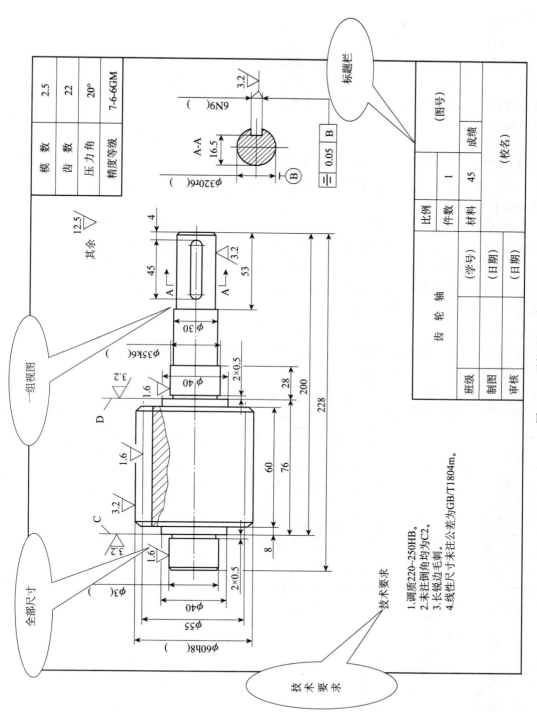

模　数	2.5
齿　数	22
压力角	20°
精度等级	7-6-GM

图1-15 零件图的内容

二、零件图视图的画法

1. 零件图视图的选择

1）零件视图选择的要求

零件的视图选择就是选用一组合适的图形表达出零件的内、外结构形状及其各部分的相对位置关系。一个好的零件视图表达方案应该表达完整、清晰、合理，同时便于看图。

2）视图选择的方法与步骤

轴类零件的主要加工工序是在车床和磨床上完成的（图1-16），因此零件主视图应选择其轴线水平放置，便于看图加工。

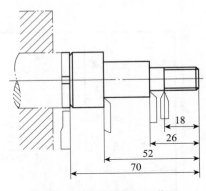

图1-16　阶梯轴的加工位置

一般情况下，一个主视图难以完整、清晰地表达零件的结构形状，还需要选择其他视图完善表达方法。其他视图的选择可按以下要求考虑。

（1）适当采用辅助视图（俯视图、左视图等基本视图）、剖视、断面、简化画法等。在保证充分表达零件结构形状的前提下，尽量减少基本视图的数量。

（2）要求所选每个视图具有明确的表达重点，并且清晰易懂，便于读图。

2. 零件图线型的选择

绘制图样时需要各种形式的图线，国家标准规定了图线的基本线型，表1-2列出了机械制图的图线型式及其应用情况。

表1-2　零件图线型的选择

图线名称	图线型式	图线宽度	一般应用
粗实线	————————	d	可见轮廓线、可见过渡线
虚线	- - - - - - - - -	约 $d/2$	不可见轮廓线、不可见过渡线
细实线	————————	约 $d/2$	尺寸线、尺寸界线、剖面线等
细点划线	—·—·—·—·—	约 $d/2$	轴线、中心线、对称中心线
双点划线	—··—··—··—	约 $d/2$	极限位置轮廓线
波浪线	〜〜〜〜〜	约 $d/2$	断裂处的边界线
粗点划线	—·—·—·—·—	d	有特殊要求的线等
双折线	—⌐—⌐—	约 $d/2$	断裂处的边界线

线型的具体使用情况如图1-17所示。

三、尺寸标注

1. 尺寸标注的三要素

一个完整的尺寸包括尺寸界线、尺寸线、尺寸数字，如图1-18所示。

尺寸数字的注意事项如下。

（1）线性尺寸的数字通常注写在尺寸线的上方或中断处。

（2）角度尺寸数字必须水平书写。

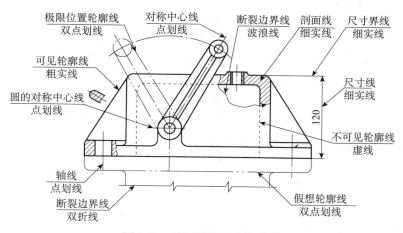

图 1-17　线型使用的具体说明

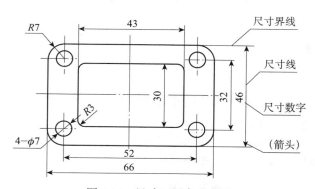

图 1-18　尺寸三要素示意图

（3）线性尺寸数字的注写方向为：水平方向的尺寸数字字头向上，垂直方向的尺寸数字字头向左，倾斜方向的尺寸数字字头偏向斜上方；避免在30°范围内标注尺寸，如无法避免时，可采用引出标注的形式，如图1-19所示。

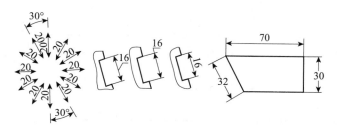

图 1-19　尺寸数字字头方向示意图

2. 合理标注尺寸的基本原则

1）从基准出发标注尺寸

尺寸基准的选择（图1-20）：一般选择零件上较大的加工面、两零件的结合面、零件的对称平面、重要的平面和轴肩。

对于轴类零件来说，主要有：① 线基准，即以轴和孔的回转轴线为尺寸基准；② 面基准，即以主要加工面、端面、装配面、支承面、结构对称中心面等为尺寸基准。

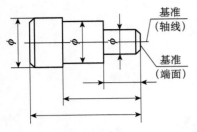

图 1-20　尺寸基准选择示意图

2）重要的尺寸直接注出

重要尺寸是指影响零件性能、工作精度和互换性的重要尺寸（规格性能尺寸、配合尺寸、安装尺寸、定位的尺寸）。

3.尺寸标注的注意事项

（1）机件的真实大小应以图样上所注的尺寸数值为依据，与图形的大小及绘图的准确度无关。

（2）图样中的尺寸凡以毫米（mm）为单位时，不需要标注其计量单位的代号或名称；如采用其他单位，则必须注明相应的计量单位的代号或名称。

（3）图样中所注的尺寸，为该图样所示机件的最后完工尺寸，否则应另加说明。

（4）机件的每一尺寸，在图样上一般只标注一次，并应标注在反映该结构最清晰的图形上。

四、绘图的基本常识

1.比例

图中图形与其实物相应要素的线性尺寸之比称为比例，比例的选择系列见表 1-3。

选择比例的注意事项如下。

（1）图形不论放大或缩小均应注其实际尺寸。

（2）一般将作图的比例写在标题栏比例栏目中。

表 1-3　比例的选择系列

种类	比例系列一		比例系列二	
原值比例	1 : 1			
放大比例		2 : 1		
	5 : 1		2.5 : 1	4 : 1
	1×10^n : 1　　2×10^n : 1		2.5×10^n : 1	4×10^n : 1
	5×10^n : 1			
缩小比例			1 : 1.5　　　1 : 2.5　　　1 : 3	
			1 : 4　　　1 : 6	
	1 : 2　　　　　　1 : 5			
	1 : 10		$1 : 1.5 \times 10^n$　　　$1 : 2.5 \times 10^n$	
	$1 : 2 \times 10^n$　　　$1 : 5 \times 10^n$		$1 : 3 \times 10^n$	
	$1 : 1 \times 10^n$		$1 : 4 \times 10^n$　　　$1 : 6 \times 10^n$	

2.斜度

1）斜度的概念

斜度是指一条线（或平面）相对另一直线（或平面）的倾斜程度。

斜度大小的表示方法：为两直线所夹锐角的正切值。

如图 1-21 所示，斜度 $=\tan\alpha=BC/AC$。表示斜度时将比例前项划成 1，即写成 1 : n 的形式。

2）斜度的标注

作图时选用与所注线段的倾斜方向一致的符号。

图 1-21　斜度及其标注示意图

3）斜度的画法

过已知点 a 作一条 1 ∶ 6 的斜度线与 cd 线相交，并作出标注，题目如图 1-22 所示。

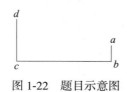

图 1-22　题目示意图

作图步骤如图 1-23 所示。

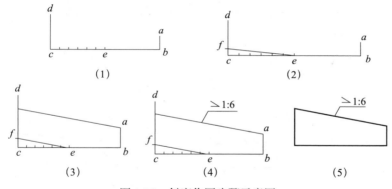

图 1-23　斜度作图步骤示意图

3. 锥度

（1）锥度指正圆锥的底圆直径与其高度之比，对于圆台锥度则为两底圆直径之差与圆台高度之比。锥度大小的表示：锥度 $=D/L=（D-d）/l$，表示锥度时将比例前项划成 1，即写成 1 ∶ n 的形式，如图 1-24 所示。

图 1-24　锥度示意图

（2）锥度的标注如图 1-25 所示。

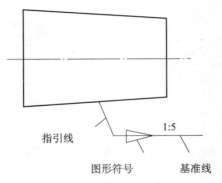

图 1-25　锥度标注示意图

（3）锥度的画法：过点 a、b 作 $1：5$ 的锥度线与 cd 线相交，并作出标注，作图步骤如图 1-26 所示。

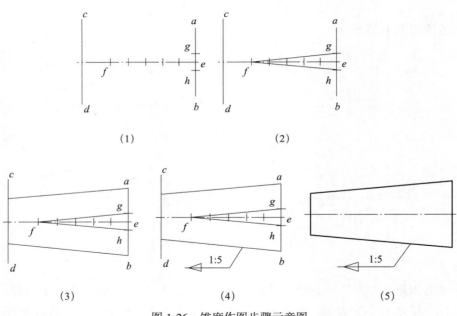

图 1-26　锥度作图步骤示意图

任务 3　测绘训练

任务目标：

（1）会测量轴类零件。

（2）能绘制轴类零件图。

一、测绘的注意事项

测绘的步骤如图 1-27 所示。

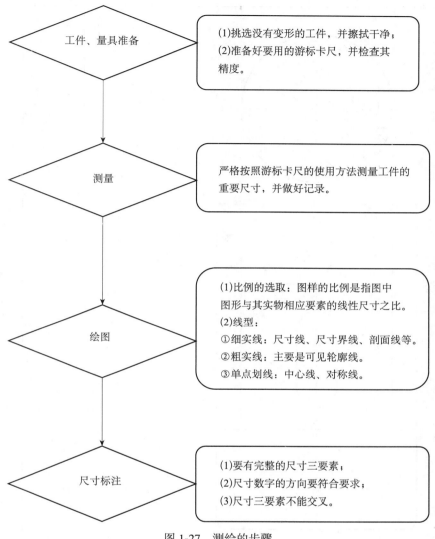

图 1-27　测绘的步骤

二、测绘练习（一）

1. 测绘要求

（1）测量时，要严格按照相应量具的使用要求。

（2）测量的基本尺寸圆整到相应整数。

（3）标出阶梯轴轴向的基准。

（4）轴向公差等级 IT8，约为对称偏差 0.1mm。

（5）径向公差等级外径 IT7，约上偏差为 0，下偏差为 0.02 ～ 0.06mm。

2. 单台阶轴（图 1-28）

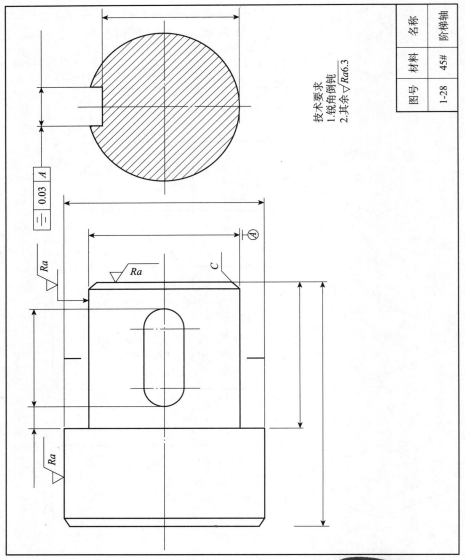

技术要求
1.锐角倒钝
2.其余▽Ra6.3

图号	材料	名称
1-28	45#	阶梯轴

（b）阶梯轴工程图

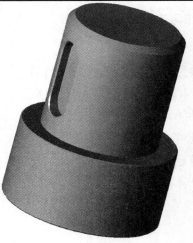

（a）阶梯轴3D图

图1-28　阶梯轴零件图

三、测绘练习（二）

1. 测绘要求

（1）测量时，要严格按照相应量具的使用要求。

（2）测量的基本尺寸圆整到相应整数。

（3）标出阶梯轴轴向的基准。

（4）轴向公差等级 IT8，约为对称偏差 0.1mm。

（5）径向公差等级外径 IT7，约上偏差为 0，下偏差为 0.02 ～ 0.06mm。

2. 多台阶轴（图 1-29）

四、测绘练习（三）

1. 测绘要求

（1）测量时，要严格按照相应量具的使用要求。

（2）测量的基本尺寸圆整到相应整数。

（3）标出阶梯轴轴向的基准。

（4）轴向公差等级 IT8，约为对称偏差 0.1mm。

（5）径向公差等级外径 IT7，上偏差为 0，下偏差为 0.02 ～ 0.06mm。

（6）锥度的绘制及标注。

2. 锥度心轴（图 1-30）

五、测绘练习（四）

1. 测绘要求

（1）测量时，要严格按照相应量具的使用要求。

（2）测量的基本尺寸圆整到相应整数。

（3）标出阶梯孔轴向的基准。

（4）轴向公差等级 IT8，对称偏差 0.1mm。

（5）径向公差等级外径 IT7，上偏差 0，下偏差 0.02 ～ 0.06mm。

（6）径向公差等级内径 IT8，上偏差 0.03 ～ 0.060mm，下偏差 0mm。

2. 衬套（图 1-31）

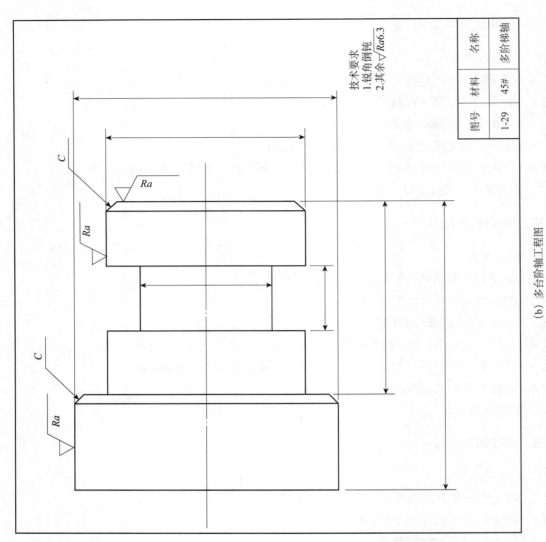

技术要求
1.锐角倒钝
2.其余 $\sqrt{Ra6.3}$

图号	材料	名称
1-29	45#	多阶梯轴

(b) 多台阶轴工程图

(a) 多台阶轴3D图

图 1-29 多台阶轴

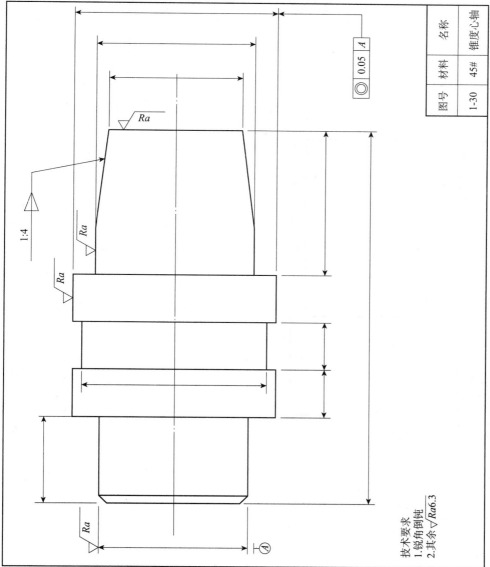

技术要求
1. 锐角倒钝
2. 其余 $\sqrt{Ra6.3}$

(b) 锥度心轴工程图

图 1-30　锥度心轴

(a) 锥度心轴3D图

图号	材料	名称
1-30	45#	锥度心轴

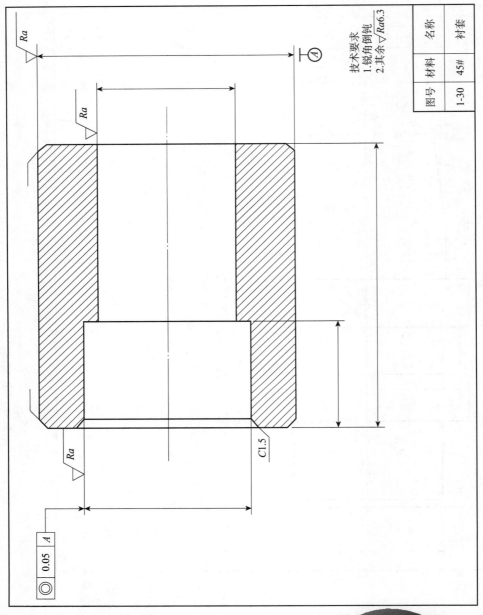

技术要求
1.锐角倒钝
2.其余▽Ra6.3

图号	材料	名称
1-30	45#	衬套

(a) 衬套3D图　　　　(b) 衬套工程图

图 1-31　衬套

项目二　轴类零件的加工工艺

任务 1　轴类零件的设计

任务目标：

（1）了解轴类零件的材料。

（2）了解轴类零件的加工质量。

一、轴类零件简介

轴类零件是机器中经常遇到的典型零件之一，如图 1-32 所示。它主要用来支承传动零部件，传递扭矩和承受载荷。轴类零件是旋转体零件，其长度大于直径，一般由同心轴的外圆柱面、圆锥面、内孔和螺纹及相应的端面所组成。

（1）尺寸精度。起支承作用的轴颈为了确定轴的位置，通常对其尺寸精度要求较高（IT5 ～ IT7）。装配传动件的轴颈尺寸精度一般要求较低（IT6 ～ IT9）。

（2）表面粗糙度。一般与传动件相配合的轴径表面粗糙度为 $Ra0.63 \sim 2.5\mu m$，从零件图可知，该零件的外圆柱面和端面的粗糙度值为 3.2μm。

图 1-32　轴类零件

二、轴类零件的毛坯和材料

1）轴类零件的毛坯

轴类零件可根据使用要求、生产类型、设备条件及结构，选用棒料、锻件等毛坯形式。对于外圆直径相差不大的轴，一般以棒料为主；而对于外圆直径相差大的阶梯轴或重要的轴，常选用锻件，这样既节约材料又减少机械加工的工作量，还可改善力学性能。据生产规模的不同，毛坯的锻造方式有自由锻和模锻两种。中小批量生产多采用自由锻，大批大量生产时采用模锻。

2）轴类零件的材料

零件常用材料，标注在标题栏中。常见的材料有碳素结构钢 Q235A、优质碳素结构钢（35、45）、合金结构钢（40Cr）、铸钢（ZG570）、铸铁（HT150、HT200）、有色金属及其合金等。

三、轴类零件的热处理

常见轴类零件的热处理方法：退火、正火、淬火、回火、调质、时效等，在技术要求中给出。

轴类零件应根据不同的工作条件和使用要求选用不同的材料并采用不同的热处理规范（如调质、正火、淬火等），以获得一定的强度、韧性和耐磨性。

45 钢是轴类零件的常用材料，它价格便宜经过调质（或正火）后，可得到较好的切削性能，而且能获得较高的强度和韧性等综合力学性能，淬火后表面硬度可达 45 ～ 52HRC。40Cr 等合金结构钢适用于中等精度而转速较高的轴类零件，这类钢经调质 和淬火后，具有较好的综合力学性能。

四、轴类零件的加工质量

零件的加工质量详见表 1-4。

表 1-4　零件的加工质量

	一级分类	二级分类	衡量参数
零件的加工质量	加工精度	尺寸精度	尺寸公差
		形状精度	形状公差
		位置精度	位置公差
	表面质量	表面粗糙度	表面粗糙度

1. 尺寸精度

尺寸精度指的是零件的直径、长度、表面间距离等尺寸的实际数值与理想数值的接近程度。尺寸精度是用尺寸公差来控制的。尺寸公差是切削加工中零件尺寸允许的变动量。在基本尺寸相同的情况下，尺寸公差越小，则尺寸精度越高。

GB/T 1800.1—2009 规定尺寸精度的标准公差等级分为 20 级，分别为 IT01，IT0，IT1，IT2，…，IT18，其中 IT01 的公差最小，尺寸精度最高。尺寸精度越高，零件的工艺过程越复杂，加工成本也越高。不同的加工方法，可以达到不同的尺寸公差等级。

2. 形状精度

形状精度是指加工后零件上的线、面的实际形状与理想形状的符合程度。评定形状精度的项目有直线度、平面度、圆度、圆柱度、线轮廓度和面轮廓度等 6 项（GB/T 1182—2008）详见表 1-5。形状精度是用形状公差来控制的，各项形状公差，除圆度、圆柱度分

13 个精度等级（0 ～ 12）外，其余均分为 12 个精度等级，1 级最高，12 级最低。

表 1-5　形状公差

公差		特征项目	符号	基准要求
形状	形状	直线度	—	无
		平面度	▱	无
		圆度	○	无
		圆柱度	⌭	无
形状或位置	轮廓	线轮廓度	⌒	有或无
		面轮廓度	⌓	有或无

3．位置精度

位置精度指加工后零件上的点、线、面的实际位置与理想位置的符合程度。评定位置精度的项目有平行度、垂直度、倾斜度、同轴度、对称度、位置度、圆跳动和全跳动等 8 项（GB/T 1182—2008），详见表 1-6。位置精度是用位置公差来控制的，各项目的位置公差亦分为 12 个精度等级。

表 1-6　位置公差

公差		特征项目	符号	基准要求
位置	定向	平行度	∥	有
		垂直度	⊥	有
		倾斜度	∠	有
	定位	位置度	⊕	有
		同轴度	◎	有
		对称度	≡	有
	跳动	圆跳动	↗	有
		全跳动	↗↗	有

4．公差与配合

尺寸公差（简称公差）：允许尺寸的变动量。公差等于最大极限尺寸与最小极限尺寸之代数差的绝对值。

轴用小写字母，如 h7、js6、g6、m7。

孔用大写字母，如 H7、H6。

配合：基本尺寸相同的、相互结合的孔和轴公差带之间的关系。分为间隙配合、过盈配合、过渡配合。确定配合关系，然后可查手册确定公差值。

5．表面粗糙度

在切削加工中，由于振动、刀痕以及刀具与工件之间的摩擦，在工件已加工表面不可避免地留下一些微小峰谷。零件表面上这些微小峰谷的高低程度称为表面粗糙度，也称微观不平度。常用的是轮廓算术平均偏差 Ra 评定。GB/T 1031—2009 规定 Ra 值 14 级，从

100，50，25，12.5，6.3，3.2，1.60，0.8…，0.12，如表 1-7 所示。另外还有补充系列值。

表面粗糙度符号为 Ra，表面粗糙度单位为 μm；不同的加工方法可以达到不同的表面粗糙度。

表 1-7　Ra 选择的系列数值

优选者	0.012	0.2	3.2	50
	0.025	0.4	6.3	90
	0.05	0.8	12.5	
	0.1	1.6	25	
补充值	0.008	0.125	2.0	32
	0.09	0.160	2.5	40
	0.016	0.25	4.0	63
	0.020	0.32	5.0	
	0.032	0.50	8.0	80
	0.040	0.63	9.0	
	0.063	1.00	16.0	
	0.080	1.25	20	

6. 零件设计注意事项

（1）标注尺寸及公差、形位公差、表面粗糙度。

（2）技术要求：轴类零件应有热处理（调质、淬火）要求，其他类可没有热处理要求。

（3）材料牌号。

（4）按制图标准画零件图，图纸一般 A4 或 A3。

任务 2　轴类零件的加工工艺

任务目标：

（1）了解工艺规程基本知识。

（2）能读懂车工工序卡。

一、机械加工工艺过程基本知识

1. 工艺过程

在产品的生产过程中，与原材料变为成品有直接关系的过程称为工艺过程。例如，铸造、锻造、焊接和零件的机械加工等。

2. 机械加工工艺过程

在工艺过程中，采用机械加工的方法，直接改变毛坯的形状、尺寸和性能使之变为成品的工艺过程，称为机械加工工艺过程。

3. 机械加工工艺过程的组成

机械加工工艺过程是由若干个顺次工序组成的，通过这些不同的工序把毛坯加工成合格的零件。

4. 工序

一个（或一组）工人，在一台机床上（或一个工作地点），对一个（或同时几个）工件连续加工所完成的那一部分机械加工工艺过程。

这里必须注意，构成一个工序的主要特点是不改变加工对象、设备和操作者，而且工序内的工作是连续完成的。

二、机械加工工艺规程

1. 机械加工工艺规程的概念

机械加工工艺规程（简称工艺规程）是规定零件机械加工工艺过程和操作方法等的工艺文件。

2. 工艺规程的内容

（1）工艺路线：是指产品或零部件在生产过程中由毛坯准备到成品包装入库经过企业各有关部门或工序的先后顺序。

（2）各工序加工的内容、要求。

（3）所采用的机床、工艺装备：工艺装备（简称工装）是产品制造过程中所用的各种工具的总称。它包括刀具、夹具、模具、量具、检验工具及辅助工具等。

（4）工件的检验项目、检验方法。

（5）切削用量、工时定额等。

3. 工艺规程的格式

机械加工工艺规程主要有机械加工工艺过程卡片（表1-8）和机械加工工序卡片（表1-9）两种基本形式。机械加工工艺过程卡是以工序为单位简要说明零件加工过程的一种工艺文件，一般适用于单件小批生产。

三、制定工艺规程的步骤

1. 制定工艺规程的步骤

制定工艺规程的步骤如下。

（1）分析产品的零件图与装配图，分析零件图的加工要求、结构工艺性，检验图样的完整性。

（2）根据零件的生产纲领确定生产类型。

（3）选择毛坯。

（4）确定单个表面的加工方法。

（5）选择定位基准，确定零件的加工路线。

（6）确定各工序所用的设备及工艺装备。

（7）计算加工余量、工序尺寸及公差。

（8）确定切削用量，估算工时定额。

（9）填写工艺文件。

2. 制定工艺规程卡片

加工如图1-33传动轴，其机械加工工艺过程卡片（表1-8）和机械加工工序卡片（表1-9）。

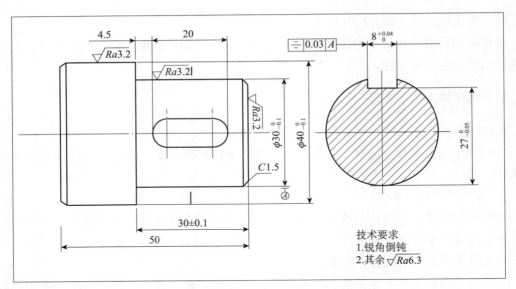

图 1-33 零件图

表 1-8 机械加工工艺过程卡片

机加工实训基地		工艺卡片		产品型号		零件图号				
				产品名称		零件名称			共 页	第页
材料牌号		毛坯种类	塑料棒	毛坯外形尺寸	$\phi50\times100$	毛坯件数	1		每台件数	2
工序号	工序名称	工序内容			工段	设备	工时		备注	
							准终	单件		
1	下料	下料				锯				
2	车削	车阶梯外圆				C6136B				
3	铣削	铣削键槽				X5032				
4	热处理	调质								
5	检验									
6		入库								
签字		日期标记	处数	更改文件号		设计（日期）	校对（日期）	审核（日期）	标准化（日期）	会签（日期）

表1-9　车削加工工序卡片

工卡卡片	产品代号		产品名称		零部件代号	1-30	零部件名称	传动轴	工序号		2
设备	名称	车床		夹具	名称	三爪卡盘			工序名称		车工
	型号	C6136B-1			代号						

材料	塑料棒						

序号	工步内容	刀具 名称及规格	主轴转数 n	进给速度 f	切削深度 t	辅具 名称及规格	量具 名称及规格
1	装夹零件时毛坯伸出卡爪≥65mm						游标卡尺
2	装夹车刀90°、45°，切槽刀（刀尖对工作准中心）并且刀尖要对正主轴中心，误差小于0.1					道具调整块	
3	车端面，建立基准面，加工量为0.5～1mm	45°车刀	650r/min	手动	1mm		
4	粗车φ40mm外圆到φ40.5mm，长度35mm	90°车刀	470r/min	手动	2mm		0～150mm
5	精车φ40mm外圆，保证尺寸精度和粗糙度		650r/min		0.3～0.5mm		
6	粗车φ30mm外圆到φ30.5mm，长度20mm，保证尺寸精度和粗糙度	切槽刀	470r/min	手动	2mm		
7	精车φ30mm外圆，保证尺寸精度和粗糙度	切槽刀	650r/min	手动	0.3～0.5mm		0～200mm
8	倒角	45°车刀	470r/min	手动	1mm		
9	倒钝和去毛刺	45°车刀	470r/min	手动	1mm		
10	切断，切断时要用手动，观察切削状态，保证长度45mm	切断刀	350r/min	手动	0.1～0.3mm		
11	检验						

							共5页
				日期			第4页

更改	标记	处数			日期	标记	处数	日期

四、轴类零件毛坯的选用

毛坯的选用主要包括毛坯的材料、类型和生产方法的选用。

（1）常用的毛坯类型：各种轧制型材、铸件、锻件、焊接件、冲压件、粉末冶金件以及注塑成形件等。

（2）轴类零件毛坯的选用：轴类零件，多采用锻件毛坯，也可采用圆钢；其轴颈处要求有较高的综合力学性能，常选用中碳调质钢如 45；承受重载或冲击载荷，以及要求耐磨性较高的轴多选用合金结构钢 40Cr。

五、常见表面的加工方法

零件的加工过程，就是零件表面经加工获得符合要求的零件表面的过程。

1. 常用加工方法

零件表面的类型和要求不同，采用的加工方法也不一样，详见表 1-10。

表 1-10　常见的表面的加工方法

序号	常用加工方法	加工表面类型示例
1	车削加工	各种回转表面，如外圆、内圆、螺纹
2	钻削加工	孔
3	铣削加工	平面、沟槽（键槽、螺旋槽）
4	刨削加工	平面、V 形槽
5	磨削加工	圆、内圆、锥面、平面

此外还有镗削加工、拉削加工、光整加工、特种加工等。

2. 加工阶段的划分

根据零件表面质量要求不同，通常将表面加工划分为以下几个阶段，详见表 1-11。

表 1-11　加工阶段及其任务

序号	加工阶段	主要任务
1	粗加工阶段	切除各加工表面上大部分余量
2	半精加工阶段	减小精加工留下的误差，为主要表面的精加工做好准备，并完成一些次要表面的加工
3	精加工阶段	保证各主要表面达到图样规定要求

3. 零件加工遵循的原则

（1）粗、精加工分开。为了保证零件的加工质量，提高生产效率和经济效益，以达到各自不同的目的和要求。

（2）零件的加工，一般不是在一台机床上用一种工艺方法就可完成的，往往需要几种加工方法互相配合，经过一定的工艺过程才能逐步地完成零件表面的加工。

（3）若一种表面可采用不同的加工方法进行加工，那么就生产的具体条件而言，其中必有一种加工方法是最合适的。

4. 轴类零件结构面常用的加工方案

轴类零件结构面常用的加工方案详见表 1-12。

表 1-12 轴类零件结构面常用的加工方案

结构面	常用加工方案	主要任务
外圆面	车削类	用于加工中等精度的盘、套、短轴销类零件的外圆表面；有色金属件的外圆；零件结构不宜磨削的外圆表面
	车磨类	用于加工除有色金属件以外的结构形状适宜磨削而精度又高的各类零件上的外圆表面，尤其是要求淬火处理的外圆表面
内孔表面	车（镗）类	用于加工除淬硬钢件以外孔径 $D>15$ 的各种金属件上的孔
	车（镗）磨类	用于加工淬硬和不淬硬钢件的孔，除有色金属件以外的轴、盘套类金属件上的高精度孔
平面	车削类	多用于加工轴、盘、套等零件上的端平面和台阶面

5. 定位基准的选择

基准是用来确定生产对象上几何要素间的几何关系所依据的那些点、线、面，详见表1-13。

表 1-13 基准的分类

结构面	一级分类	二级分类
基准	设计基准	定位基准
		测量基准
		装配基准
		工序基准
	工艺基准	

（1）设计基准是设计图样上所采用的基准，是标注设计尺寸或位置公差的起点。

（2）定位基准。在零件的加工过程中，每一道工序都有定位基准的选择问题。对保证零件的加工精度，合理安排加工顺序都有着决定性的作用，因此是制定工艺过程的一个重要问题。

（3）粗基准选择的原则。在机械加工工艺过程中，第一道工序所用的基准总是粗基准。影响以后各加工表面加工余量的分配，不加工表面与加工表面间的尺寸、相互位置，粗基准的选择原则如下。

① 选择重要表面。

② 选择不加工表面。

③ 选择加工余量最小的表面。

④ 选择平整光洁、加工面积较大的表面。

粗基准在同一加工尺寸方向上只能使用一次。

（4）精基准选择的原则。选择精基准时，应重点考虑所选用的精基准应有利于保证加工精度，并使加工过程操作方便，精基准的选择原则如表1-14所示。

表 1-14 精基准的选择原则

精基准	精基准选择的原则	精基准选择的位置
	基准重合的原则	即尽量选用被加工表面的设计基准作为精基准，这样可以避免因基准不重合而引起的误差
	基准统一的原则	即尽可能选择统一的精基准来加工工件上的多个表面
轴类零件，常采用顶尖孔作为统一的基准，加工各外圆表面，这样可以保证各表面之间有较高的同轴度		

6. 工艺路线的拟定

工艺路线的拟定步骤如下。

（1）表面加工方法的选择。

① 选择加工方法要能保证加工表面尺寸精度 要求和表面粗糙度要求。

② 选择的加工方法要能保证加工表面的几何形状精度和表面相互位置精度要求。

③ 选择加工方法要与零件材料加工性能、热处理状况相适应。

④ 选择加工方法要与生产类型（批量）相适应。

⑤ 选择加工方法要与本厂现有生产条件相适应。

（2）加工顺序的安排。

① 切削加工顺序的安排：先粗后精，先安排粗加工，中间安排半精加工，最后安排精加工和光整加工。

② 热处理工序的安排：加工阶段的划分通常以热处理为界。

③ 辅助工序的安排：检验工序是保证产品质量的必要措施之一。

④ 工序的集中与分散（确定工序的原则——数量）：工序集中就是将零件的加工集中在少数几道工序中完成，每道工序加工的内容多。工序分散就是将零件的加工分散到很多道工序内完成，每道工序加工的内容少。

7. 加工余量的确定

加工余量是指在加工过程中从被加工表面上切除的金属层厚度。加工余量可分为总加工余量和工序加工余量（工序余量）两种。工序余量又可分单边余量和双边余量两种，加工余量的确定如表 1-15 所示。

（1）在平面上，加工余量为非对称的单边余量。

（2）在回转表面（外圆和孔）上，加工余量为对称的双边余量，其实际切除的金属层的厚度为加工余量之半。

表 1-15　加工余量的确定

加工余量的确定	常用方法
	分析计算法
	查表修正法（应用广泛）
	经验估计法
备注：单件小批量生产时，中小型零件常见工序的加工余量如下。 ① 粗加工余量为 1 ～ 1.5mm;　　　② 半精加工余量为 0.5 ～ 1mm; ③ 高速精车余量为 0.4 ～ 0.5mm;　　④ 低速精车余量为 0.1 ～ 0.3mm; ⑤ 磨削余量为 0.15 ～ 0.25mm。	

8. 切削用量和工时定额的确定

（1）切削用量：切削速度、进给量、背吃刀量，即切削三要素。

（2）工时定额：加工一个零件所用时间。

在单件小批生产中，工时定额一般由工艺员确定，切削用量则一般根据加工者的经验自行确定。

9. 机床与工艺装备的选择

机床与工艺装备选择的过程中考虑的因素很多，具体的因素如表 1-16 所示。

	具体分类	考虑因素
机床的选择		成形要求、规格尺寸、机床的精度、生产率
工艺装备的选择	夹具的选择	单件小批生产，应尽量选用通用夹具
	刀具的选择	一般采用通用刀具或标准刀具，必要时也可采用高生产率的刀具。刀具的类型、规格和精度应符合零件的加工要求
	量具的选择	单件小批生产应采用通用量具

任务 3　轴类零件的热处理

 任务目标：

（1）了解常见热处理工艺。

（2）常见热处理工艺的作用。

一、热处理的定义

把金属材料加热到一定的温度并保温一定时间，然后以不同的方式冷却，来改变钢的内部组织结构，从而获得所需性能的工艺方法。

二、热处理的作用

金属热处理是机械制造中重要工艺之一，与其他加工工艺相比，它一般不改变工件形状和整体的化学成分，而是改变工件内部显微组织或表面化学成分，从而改变工件的使用性能。对发挥金属材料的潜力、改善零件的使用性能、提高产品质量、延长使用寿命有着极其重要的意义。

各种机器和机构的结构件，如轴类、连杆、螺柱、齿轮等，在机床、汽车和拖拉机等都需要热处理。热处理的主要作用如下。

（1）提高硬度。

（2）降低硬度便于切削或其他切削加工。

（3）消除因在各种加工中所引起的内应力。

（4）改善金属的内部组织和性质，使其满足不同的要求。

（5）提高表面耐磨耐腐性。

三、几种常见的热处理工艺

常见的热处理工艺及其方法如下。

（1）正火：将钢材或钢件加热到临界点 AC3 或 ACM 以上的适当温度保持一定时间后在空气中冷却，得到珠光体类组织的热处理工艺。

（2）退火：将亚共析钢工件加热至 AC3 以上 20 ~ 40℃，保温一段时间后，随炉缓慢冷却（或埋在砂中或石灰中冷却）至 500℃以下在空气中冷却的热处理工艺。

（3）淬火：将钢奥氏体化后以适当的冷却速度冷却，使工件在横截面内全部或一定的范围内发生马氏体等不稳定组织结构转变的热处理工艺。

（4）回火：将经过淬火的工件加热到临界点 AC1 以下的适当温度保持一定时间，随后用符合要求的方法冷却，以获得所需要的组织和性能的热处理工艺。

（5）调质处理：一般习惯将淬火加高温回火相结合的热处理称为调质处理。调质处理广泛应用于各种重要的结构零件，特别是那些在交变负荷下工作的连杆、螺栓、齿轮及轴类等。

（6）固溶热处理：将合金加热至高温单相区恒温保持，使过剩相充分溶解到固溶体中，然后快速冷却，以得到过饱和固溶体的热处理工艺。

（7）时效：合金经固溶热处理或冷塑性形变后，在室温放置或稍高于室温保持时，其性能随时间而变化的现象。

（8）固溶处理：使合金中各种过剩相充分溶解，强化固溶体并提高韧性及抗蚀性能，消除应力与软化，以便继续加工成型。

（9）时效处理：在强化相析出的温度加热并保温，使强化相沉淀析出，得以硬化，提高强度。

（10）钢的碳氮共渗：碳氮共渗是向钢的表层同时渗入碳和氮的过程。习惯上碳氮共渗又称为氰化，目前以中温气体碳氮共渗和低温气体碳氮共渗（即气体软氮化）应用较为广泛。中温气体碳氮共渗的主要目的是提高钢的硬度、耐磨性和疲劳强度。低温气体碳氮共渗以渗氮为主，其主要目的是提高钢的耐磨性和抗咬合性。

模块 ② 车削技能训练

项目一　初级车工国家职业标准

初级车工国家职业标准如表 2-1 所示。

表 2-1　初级车工国家职业标准

职业能力	工作内容	技能要求	相关知识
一、工艺准备	（一）读图与绘图	能读懂轴、套、圆锥、螺纹及圆弧等简单零件图	简单零件的表达方法，各种符号的含义
	（二）制定加工工艺	1. 能读懂轴、套、圆锥、螺纹及圆弧等简单零件的机械加工工艺过程 2. 能制定简单零件的车削加工顺序（工步） 3. 能合理选择切削用量 4. 能合理选择切削液	1. 简单零件的车削加工顺序 2. 车削用量的选择方法 3. 切削液的选择方法
	（三）工件定位与夹紧	能使用车床通过夹具和组合夹具将工件正确定位与夹紧	工件正确定位与夹紧的方法 车床通用夹具的种类、结构与使用方法
	（四）刀具准备	1. 能合理选用车床常用刀具 2. 能刃磨普通车刀及标准麻花钻头	1. 车削常用刀具的种类与用途 2. 车刀几何参数的定义、常用几何角度的表示方法及其切削性能的关系 3. 车刀与标准麻花钻头的刃磨方法
	（五）设备维护保养	能简单维护保养普通车床	普通车床的润滑及常规保养方法
二、工件加工	（一）轴类零件的加工	1. 能车削 3 个以上台阶的普通台阶轴，并达到以下要求： （1）同轴度公差 0.05mm （2）表面粗糙度 $Ra3.2\mu m$ （3）公差等级 IT8 2. 能进行滚花加工及抛光加工	1. 台阶轴的车削方法 2. 滚花加工及抛光加工的方法
	（二）套类零件的加工	能车削套类零件，并达到以下要求： 公差等级外径 IT7，内径 IT8 表面粗糙度 $Ra3.2\mu m$	套类零件钻、扩、镗、绞的方法
	（三）螺纹的加工	能车削普通螺纹、英制螺纹及管螺纹	普通螺纹的种类、用途及计算方法 螺纹车削方法 攻、套螺纹前螺纹底径及杆径的计算方法
	（四）锥面及形成面的加工	能车削具有内、外圆锥面工件的锥面及球类工件、曲线手柄等简单形成面，并进行相应的计算与调整	1. 圆锥的种类、定义及计算方法 2. 圆锥的车削方法 3. 成型面的车削方法
三、精度检验及误差分析	（一）内外径、长度、深度、高度的检验	1. 能使用游标卡尺、千分尺、内径百分表测量直径及长度 2. 能用塞规及卡规测量孔径及外径	1. 使用游标卡尺、千分尺、内径百分表测量工件的方法 2. 塞规和卡规的结构及使用方法
	（二）锥度及成型面的检验	1. 能用角度样板、万能角度尺测量锥度 2. 能用涂色法检验锥度 3. 能用曲线样板或普通量具检验成型面	使用角度样板、万能角度尺测量锥度的方法 锥度量规的种类、用途及涂色法检验锥度的方法 成型面的检验方法
	（三）螺纹检验	1. 能用螺纹千分尺测量三角螺纹的中径 2. 能用三针测量螺纹中径 3. 能用螺纹环规及塞规对螺纹进行综合检验	1. 螺纹千分尺的结构、原理及使用、保养方法 2. 三针测量中径的方法及千分尺读数的计算方法 3. 螺纹环规及塞规的结构及使用方法

项目二　车削加工基础

任务 1　认识车床

任务目标：

（1）了解 CA6140 车床组成。

（2）掌握车床型号的含义。

一、车床各部件的名称及其作用

卧式车床主要由主轴箱、进给箱、溜板箱、光杠、丝杠、尾座及床身、床腿等组成。如图 2-1 所示为 CA6140 型卧式车床外形结构。

图 2-1　CA6140 型卧式车床外形结构图

1. 主轴箱

电动机输出的动力，经 V 带、带轮和各种齿轮装置传至主轴箱，通过变换外部手柄的位置，可使主轴获得正转 24 种、反转 12 种不同转速。

主轴为空心结构，以便于安装棒料。前端带有圆锥面，用来安装各种夹具以夹持工件；后端装有传动齿轮，能将运动经挂轮传至进给箱，为进给运动提供动力来源。

2. 进给箱

进给箱是进给运动的变速机构，将主轴的旋转运动经过挂轮架上的齿轮传给光杠或丝杠。可以通过调整外部手柄，利用其内部的变速机构改变光杠或丝杠的转速，从而改变刀具进给速度。

3. 溜板箱

溜板箱是进给运动的分向机构，可将光杠传来的运动转换为机动纵向或横向进给运动；

或将丝杠传来的运动转换为螺纹进给运动，从而车削螺纹。手动进给由手轮控制。

4. 光杠和丝杠

将进给箱的运动传给溜板箱。自动进给时使用光杠；车削螺纹时使用丝杠。手动进给时，光杠和丝杠都可以不用。

5. 刀架

刀架用以夹持车刀并随其作纵向、横向或斜向进给运动。刀架分别由床鞍、中滑板、转盘、小滑板和方刀架组成。

（1）床鞍。它的前端下部与溜板箱相连，带动车刀沿床身导轨作纵向移动。

（2）中滑板。它带动车刀沿床鞍上的导轨作横向移动。

（3）转盘。转盘上有刻度，通过螺栓与刀架相连接，松开螺母可以在水平面内回转任意角度。

（4）小滑板。可以沿转盘上的导轨作短距离移动，如果转盘回转某一角度后，车刀运动便为斜向移动。

（5）方刀架。用于夹持刀具，可同时装夹四把车刀。

6. 尾座

带有导轨面的底座与床身导轨相接触，套筒前端带有锥度内孔，用来安装顶尖，以便支承较长的工件，或安装钻头、铰刀进行钻削或铰削工作。

7. 床身

床身是车床的基础零件，用以连接各主要部件并保证各个部件之间有正确的相对位置。床身上的导轨用来引导刀架和尾座移动，以保证对机床主轴轴线的正确位置。

8. 床腿

床腿用来支承床身，并与地基相连接。

二、机床型号

机床型号是机床产品的代号，用以简明地表示机床的类别、主要技术参数、结构特性等。我国目前实行的机床型号，按 GB/T 15375—2008《金属切削机床 型号编制办法》实行，它由汉语拼音字母及阿拉伯数字组成，型号中字母及数字的含义如图 2-2 所示。

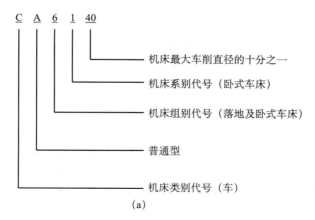

(a)

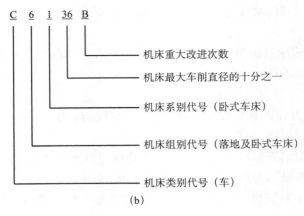

图 2-2　机床型号的含义

任务 2　车床的操作及保养

任务目标：

（1）能简单操作车床。

（2）会保养车床。

一、车床的基本操作

1. 车床的启动操作

在操作车床之前必须检查车床各变速手柄是否处于空挡位置，离合器是否处于正确位置，操纵杆是否处于停止状态等，在确定无误后，方可合上车床电源总开关，开始操纵车床。具体操作步骤如图 2-3 所示。

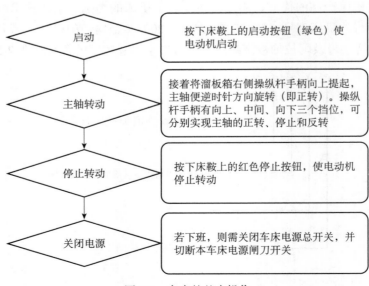

图 2-3　车床的基本操作

2．主轴箱的变速操作

（1）转速变换。CA6140 型车床主轴变速可通过改变主轴箱正面右侧两个叠套的手柄的位置来控制，如图 2-4 所示。前面的手柄有六个挡位，每个挡位上有四级转速，若要选择其中某一转速可通过后面的手柄来控制。后面的手柄除有两个空挡外，尚有四个挡位，只要将手柄位置拨到其所显示的颜色与前面手柄所处挡位上的转速数字所标示的颜色相同的挡位即可。

图 2-4　转速变换手柄

（2）螺纹旋向的调整变换。主轴箱正面左侧的手柄是加大螺距及螺纹左、右旋向变换的操纵机构，如图 2-5 所示。它有四个挡位：左上挡位为车削右旋螺纹，右上挡位为车削左旋螺纹，左下挡位为车削右旋加大螺距螺纹，右下挡位为车削左旋加大螺距螺纹。

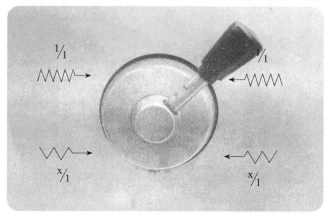

图 2-5　螺纹旋向的调整变换

3．进给箱的变速操作

CA6140 型车床进给箱正面左侧有一手轮，右侧有前后叠装的两个手柄（图 2-6），前面的手柄有 A、B、C、D 四个挡位，是丝杠、光杠变换手柄；后面的手柄有 I、II、III、IV 四个挡位与八挡位的手轮相配合，用以调整螺距及进给量。实际操作时应根据加工要求，查找进给箱油池盖上的螺纹和进给量调配表来确定手轮和手柄的具体位置。当后手柄处于正上方时是第 V 挡，此时齿轮箱的运动不经进给箱变速，而与丝杠直接相连。

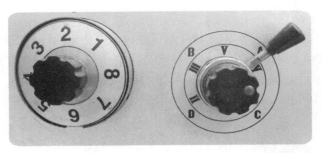

图 2-6　进给箱的变速操作

4. 溜板部分的操作

溜板部分的操作如表 2-2 所示。

表 2-2　溜板部分的具体操作

序号	操作名称	具体操作
1	手动操作	床鞍的纵向移动由溜板箱正面左侧的大手轮控制，当顺时针转动手轮时，床鞍向尾座方向运动；逆时针转动手轮时，床鞍向卡盘方向运动 中滑板手柄控制中滑板的横向移动和横向进刀量。当顺时针转动手柄时，中滑板向远离操作者的方向移动（即横向进刀）；逆时针转动手柄时，中滑板向靠近操作者的方向移动（即横向退刀） 小滑板可作短距离的纵向移动。小滑板手柄顺时针方向转动时，小滑板向卡盘方向移动；逆时针转动小滑板手柄时，小滑板向尾座方向移动
2	机动进给的操作	溜板箱右侧有一个带十字槽的扳动手柄，是刀架实现纵、横向机动进给和快速移动的集中操纵机构。该手柄的顶部有一个快速按钮，按下此钮时，快速电动机工作，放开按钮时，快速电动机停止转动。该手柄扳动方向与刀架运动的方向一致，操作方便。当手柄扳至纵向进给位置，且按下快进按钮时，则床鞍作快速纵向移动；当手柄扳至横向进给位置，且按下快进按钮时，则中滑板带动小滑板和刀架作横向快速进给 操作时应特别注意，当床鞍快速行进到离主轴箱或尾座一定距离时停止快进，以避免床鞍撞击主轴箱或尾座。当中滑板前、后伸出床鞍足够远时，应立即放开快进按钮，停止快进，避免因中滑板悬伸太长而使燕尾导轨受损，影响设备精度
3	刻度盘及分度盘的操作	溜板箱正面大手轮轴上的刻度盘分为 300 格，每转过 1 格，表示床鞍纵向移动 1 mm 中滑板丝杠上的刻度盘分为 100 格，每转过 1 格，表示刀架横向移动 0.05 mm（切削加工时每转过 1 格，工件直径减小 0.10mm） 小滑板丝杠上的刻度盘分为 100 格，每转过 1 格，表示刀架纵向移动 0.05 mm 在刀架需斜向进刀加工短锥体时，小滑板上的分度盘可在 90°范围内顺时针或逆时针地转过某一角度。使用时，先松开锁紧螺母，转动小滑板至所需角度后，再锁紧螺母以固定小滑板 小滑板操作完毕后，应保持在与小滑板底座平齐的位置上，避免小滑板底座与卡爪相碰

续表

序号	操作名称	具体操作
4	开合螺母手柄操作	在溜板箱正面右侧有一开合螺母操作手柄,用以专门控制丝杠与溜板箱之间的联系。一般情况下,车削非螺纹表面时,丝杠与溜板箱间无运动联系,开合螺母处于开启状态,该手柄位于上方。当需要车削螺纹时,扳下开合螺母操纵手柄,将丝杠运动通过开合螺母的闭合而传递给溜板箱,并使溜板箱按一定的螺距(或导程)作纵向进给。车完螺纹后,将该手柄扳回原位。操作时应特别注意,螺纹加工完毕后,一定要提起开合螺母手柄
5	刀架的操作	可操作刀架上的手柄来控制刀架的定位和锁紧。逆时针转动刀架手柄,刀架可以逆时针转动,松开,以调换车刀;顺时针转动刀架手柄时,刀架则被锁紧

5. 尾座的操作

尾座可在床身内侧的山形导轨和平导轨上沿纵向移动,并可依靠尾座架上的两个锁紧螺母使尾座固定在床身的任一位置。

尾座架上有左、右两个长把手柄,如图 2-7 所示。左边为尾座套筒固定手柄,顺时针扳动此手柄,可将尾座套筒固定在某一位置。右边手柄为尾座快速紧固手柄,逆时针扳动此手柄可使尾座快速地固定于床身的某一位置。开尾座架左边长把手柄(即逆时针转动手柄),转动尾座右端的手轮,可使尾座套筒作进、退移动。

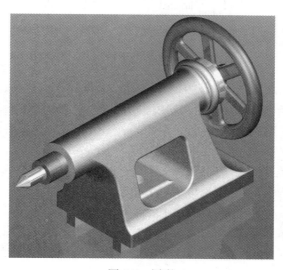

图 2-7　尾座

二、车床的保养

为了减少车床磨损，延长使用寿命，保证工件加工精度，应对车床的所有摩擦部位进行润滑，并注意日常的维护保养。

1. 车床的润滑

1）车床的润滑形式

（1）浇油润滑：常用于外露的滑动表面，如导轨面和滑板导轨面等。

（2）溅油润滑：常用于密闭的箱体中。如车床的主轴箱中的传动齿轮将箱底的润滑油溅射到箱体上部的油槽中，然后经槽内油孔流到各润滑点进行润滑。

（3）油绳导油润滑：常用于进给箱和溜板箱的油池中。利用毛线既吸油又渗油的特性，通过毛线把油引入润滑点，间断地滴油润滑。

（4）弹子油杯注油润滑：常用于尾座、中滑板摇手柄及三杠（丝杠、光杠、开关杠）支架的轴承处。定期用油枪端头油嘴压下油杯上的弹子，将油注入。油嘴撤去，弹子又回复原位，封住注油口，以防尘屑入内。

（5）黄油杯润滑：常用于交换齿轮箱挂轮架的中间轴或不经常润滑处。事先在黄油杯中加满钙基润滑脂，需要润滑时，拧进油杯盖，则杯中的油脂就被挤压到润滑点中。

（6）油泵输油润滑：常用于转速高、需要大量润滑油连续强制润滑的场合。如主轴箱内许多润滑点就是采用这种方式。

2）车床的润滑要求

（1）车床上一般都有润滑系统图，应严格按照润滑系统图进行润滑。

（2）换油时，应先将废油放尽，然后用煤油把箱体内冲洗干净后，再注入新机油，注油时应用网过滤，且油面不得低于油标中心线。主轴箱内零件用油泵润滑或飞溅润滑。箱内润滑油一般三个月更换一次。主轴箱体上有一个油标，若发现油标内无油输出，说明油泵输油系统有故障，应立即停车检查断油的原因，并修复。

（3）进给箱上部油绳导油润滑的储油槽，每班应给该储油槽加一次油。

（4）交换齿轮箱中间齿轮轴轴承是黄油杯润滑，每班一次，7天加一次钙基脂。

（5）弹子油杯润滑每班润滑一次。导轨工作前后擦净用油枪加油。

2. 车床的日常保养

（1）每天工作后，切断电源，对车床各表面、各罩壳、铁屑盘、导轨面、丝杠、光杠、各操纵手柄和操纵杆进行擦拭，做到无油污、无铁屑，车床外表清洁。

（2）清扫完毕后，应做到"三后"，即尾座、中滑板、溜板箱要移动至机床尾部，并按润滑要求进行润滑保养。

（3）每周要求保养床身导轨面和中、小滑板导轨面，并做好转动部位的清洁、润滑。要求油眼畅通，油标清晰，要清洗油绳和护床油毛毡，保持车床外表清洁和工作场地整洁。

3. 车床的一级保养

车床的保养工作，直接影响零件加工质量的好坏和生产效率的高低。通常当车床运行500h后，需进行一次一级保养。其保养工作以操作工人为主，维修工人配合进行。保养时，必须先切断电源，然后按断电、拆卸、清洗、润滑、安装、调整、试运行顺序和要求进行。

（1）主轴箱的保养：

① 清洗滤油器。

② 检查主轴锁紧螺母有无松动，紧定螺钉是否拧紧。

③ 调整制动器及离合器摩擦片间隙。

（2）挂轮箱部分的保养：

① 清洗齿轮、轴套，并在油杯中注入新油脂。

② 调整齿轮啮合间隙。

③ 检查轴套有无晃动现象。

（3）滑板和刀架的保养：

拆洗刀架和中、小滑板，洗净擦干后重新组装，并调整中、小滑板与镶条（塞铁）的间隙。

（4）尾座的保养：

拆洗尾座套筒，擦净后涂油，以保持内外清洁。

（5）润滑系统的保养：

① 清洗冷却泵、滤油器和盛液盘。

② 保证油路畅通，油孔、油绳、油毡清洁无铁屑。

③ 确保油质良好，油杯齐全，油标清晰。

（6）电器的保养：

① 扫电动机、电气箱上的尘屑。

② 电气装置固定整齐。

（7）外表的保养：

① 清洗车床外表面及各罩盖，保持其内、外清洁，无锈蚀，无油污。

② 清洗三杠。

③ 检查并补齐各螺钉、手柄球、手柄。

任务 3　常用车刀及装夹

 任务目标：

（1）掌握常见车刀的用途。

（2）能正确装夹常见车刀。

一、常用的几种车刀

车刀的种类很多，按其用途可分为 90°外圆车刀、45°弯头外圆车刀、切断刀、内孔车刀、成型车刀、螺纹车刀和机夹不可重磨式车刀等。如表 2-3 所示为常用车刀的种类和用途。

表 2-3　常用车刀的种类和用途

车刀种类	车刀外形图	用　途	车削示意图
90° 外圆车刀（偏刀）		车削工件的外圆、台阶和端面	
75° 车刀		车削工件的外圆和端面	
45° 弯头车刀		车削工件的外圆、端面和倒角	
切槽 / 断刀		切断工件或在工件上车槽	
内孔车刀		车削工件的内孔	
成型车刀		车削工件的圆弧面或成型面	
螺纹车刀		车削螺纹	

二、车刀的装夹

将刃磨好的车刀装夹在方刀架上。车刀安装是否正确，直接影响车削加工的顺利进行和工件的加工质量。车刀的安装操作如表 2-4 所示。

表 2-4 车刀的安装操作

内容	操作说明	图示
安装内容要求	车刀装夹伸出长度： ①车刀装夹在刀架上应尽量短，以增强其刚性。其伸出长度是刀杆厚度的 1～1.5 倍。 ②如右图所示，车刀下面要垫垫片，且尽量要少，一般为 1～2 片，垫片要与刀架边缘对齐，且至少用两个螺钉平整压紧，以防振动，图（a）为正确安装，图（b）、图（c）为不正确安装。 ③车刀刀杆中心线应与进给方向垂直或平行。	(a) (b) (c)
车刀安装高低情况	**正确**　如右图所示，车刀的刀尖必须要与工件的旋转中心等高（前、后角无变化）	γ α
	错误　如右图所示，车刀高于工件的旋转中心（前角变大，后角变小），增加车刀后刀面与工件之间的摩擦	γ α
	如右图所示，车刀低于工件的旋转中心（前角变小，后角变大），切削阻力也会增大	γ α

特别强调的是，车刀刀尖如果不对准工件的旋转中心，在车至端面中心时会留有小凸头，如图 2-8（a）所示；使用硬质合金车刀如若忽视这一点，特别是车刀低于工件的旋转中心时，车到中心处会使车刀刀尖崩碎，如图 2-8（b）所示。

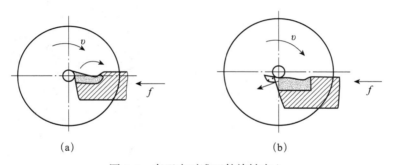

图 2-8　车刀未对准工件旋转中心

为了使车刀对准工件的旋转中心，通常的操作如表 2-5 所示。

表 2-5　车刀对准工件的旋转中心的操作

步骤	操作说明	图示
1	车床主轴中心高，用钢直尺测量装刀	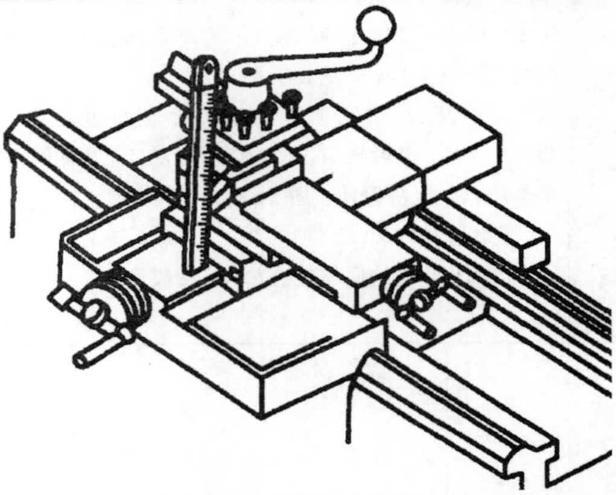
2	用游标卡尺直接测量刀具与垫片厚度来装刀	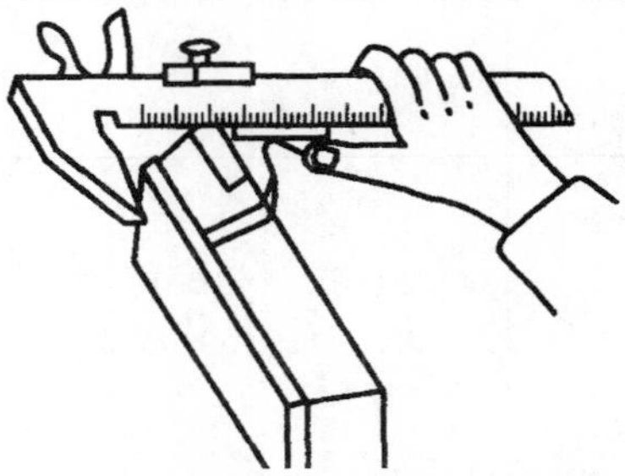
3	在中滑板端面上划出一条刻线，作为安装刀具调整垫片的基准	 刻线
4	根据车床尾座顶尖高低直接装刀	

任务 4　工件的装夹

任务目标：

会用三爪自定心卡盘装夹工件。

车削时必须将工件装夹在车床的夹具或三爪自定心卡盘上，经定位、校正、夹紧，使它在整个车削加工过程中始终能保持一个正确的加工位置。这是保证生产加工的前提条件。

一、认识三爪自定心卡盘

三爪卡盘是车床最常用的附件，三爪卡盘上的三爪是同时动作的，如图 2-9 所示。可以达到自动定心兼夹紧的目的。其装夹工作方便，但定心精度不高（爪遭磨损所致），工件上同轴度要求较高的表面，应尽可能在一次装夹中车出。传递的扭矩也不大，故三爪卡盘适于夹持圆柱形、六角形等中小工件。当安装直径较大的工件时，可使用"反爪"。

图 2-9　三爪卡盘

二、装夹工件

三爪自定心卡盘的三个爪是同步运动的，能自动定心（工件装夹时一般不需要校正）。但在装夹较长的工件时，工件离卡盘夹持部分较远处的旋转中心不一定会与车床的主轴轴线重合，这时就必须要校正工件；另外，当三爪自定心卡盘使用时间较长后，已失去了精度，而且工件的加工精度要求较高，这时也需要校正。校正的要求就是要使工件的回转中心（工件中心线）与车床主轴中心（轴线）重合。

工件在三爪自定心卡盘的装夹与校正如表 2-6 所示。

表 2-6　工件在三爪自定心卡盘的装夹与校正

工件	装夹校正		图示
	加工阶段	操作说明	
工件轴向尺寸较大	粗加工	①用卡盘轻轻夹住工件，把划针盘放置在适当的位置，将划针尖接触工件悬伸一端处的外圆表面，如右图所示。 ②将主轴变速箱变速手柄处于空挡状态，用手拨动卡盘使其缓慢转动，观察划针尖端与工件表面的接触情况，并用木棒或铜棒轻轻敲击工件悬伸端，直至全圆周划针与工件表面间的间隙均匀一致，工件才算校正。 ③夹紧工件。	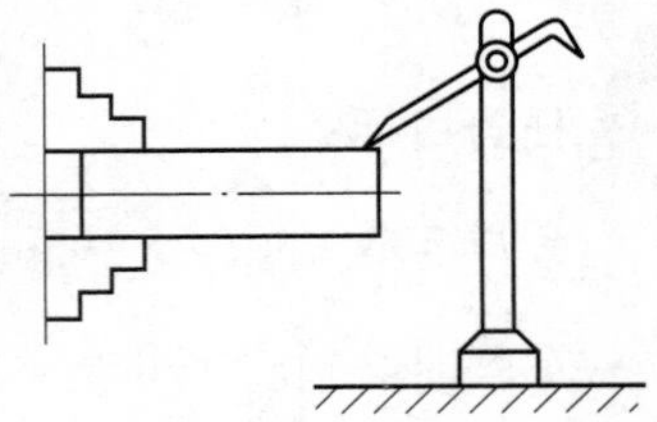
	精加工	①先用划针粗校工件，方法同上。 ②再用百分表精校工件。如右图所示，将磁性表座吸在车床导轨或中滑板上，调整表架位置，使百分表触头垂直指向工件悬伸端外圆面，将主轴变速箱变速手柄处于空挡状态，用手拨动卡盘使其缓慢转动，观察百分表的读数情况，并用木棒或铜棒轻轻敲击工件悬伸端，直至全圆周上百分表的读数基本一致（误差不大于 0.10mm），工件才算校正。 ③夹紧工件。	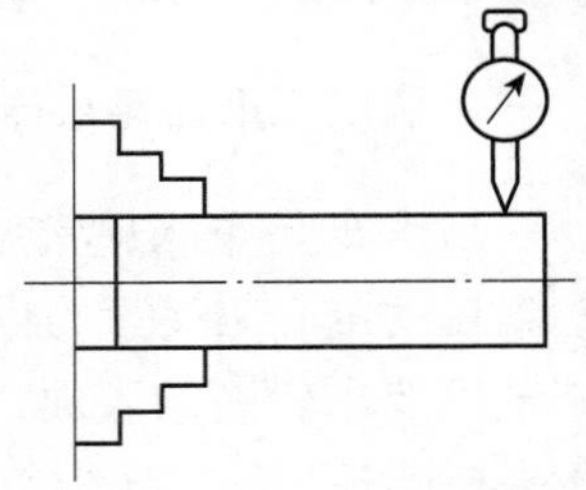
工件轴向尺寸较小		如右图所示，先用卡盘轻轻夹紧工件，再在刀架上装夹一根圆头铜棒，然后启动车床，使卡盘低速转动，移动床鞍，使刀架上的圆头铜棒轻轻接触工件端面，观察工件端面大致与轴线垂直后即停止主轴旋转，并夹紧工件。 对于直径较大而轴向尺寸不大的工件（盘形零件），则用百分表来检测。将百分表触头垂直指向工件端面的外缘，使百分表触头预先压下 0.5～1mm，用手拨动卡盘使其缓慢转动，并校正工件，至每转中百分表读数的最大差值在 0.10mm 以内，校正结束，然后夹紧工件。	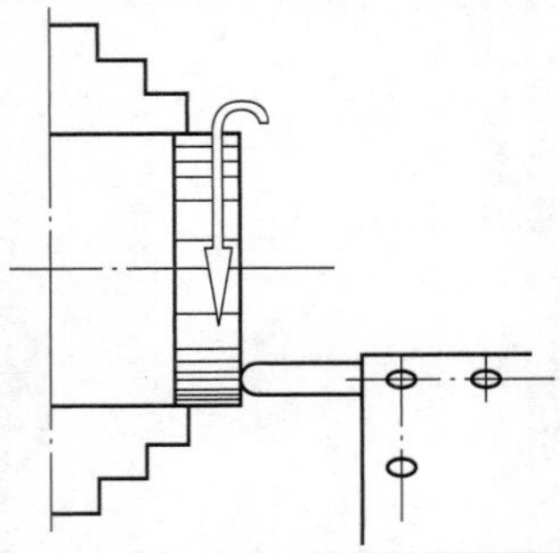

项目三　车削技能训练

任务 1　阶梯轴的车削加工

任务目标：

（1）能根据图纸车外圆，尺寸精度控制在 0.1mm 之内。

（2）能根据图纸车倒角。

一、车削训练（一）（图 2-10）

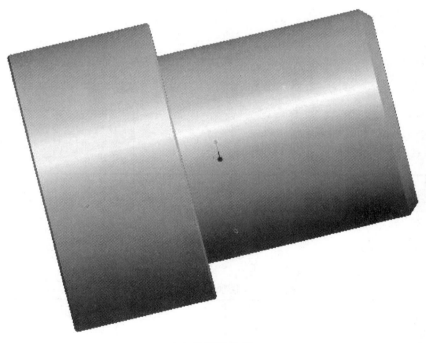

（a）阶梯轴 3D 图

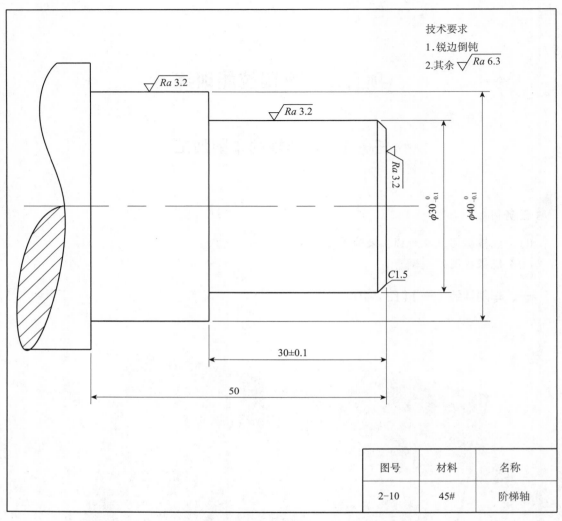

技术要求
1.锐边倒钝
2.其余 $\sqrt{Ra\,6.3}$

$\sqrt{Ra\,3.2}$

$\phi 30_{-0.1}^{0}$　$\phi 40_{-0.1}^{0}$

$C1.5$

30 ± 0.1

50

图号	材料	名称
2-10	45#	阶梯轴

（b）阶梯轴工程图

图 2-10　单向阶梯轴

二、工艺分析（表 2-7）

表 2-7　机械加工工艺过程卡片

机加工实训基地		工艺卡片		产品型号		零件图号		2-10			
				产品名称		零件名称		阶梯轴	共　页	第　页	
材料牌号		毛坯种类	45#	毛坯外形尺寸	$\phi50\times104$	毛坯件数		1	每台件数	2	
工序号	工序名称	工序内容			工段	设备		工时		备注	
								准终	单件		
1	下料	下料				锯					

续表

工序号	工序名称	工序内容	工段	设备	工时 准终	工时 单件	备注
2	车削	车端面，建立基准面		C6136B-1			
3	车削	车阶梯外圆		C6136B-1			
4	热处理	调质					
5	检验						
6	入库						

签　字	日　期 标记	处 数	更改文件号	设计 （日期）	校对 （日期）	审核 （日期）	标准化 （日期）	会签 （日期）

三、工、量、刃具准备清单（表2-8）

表2-8　工、量、刃、具准备清单

工量刃具 准备清单		产品名称		产品型号	
		零件名称	阶梯轴	零件编号	2-10
时间		件数		图纸编号	
材料		下料尺寸		指导教师	
类别	序号	名称	规格或型号	精度	数量
量具	1	游标卡尺	0～150mm	0.02mm	1
	2	千分尺	0～25mm/25～50mm	0.01mm	各1
刃具	1	外圆车刀	90°		1
	2	倒角	45°		1
	3	切槽刀			1
操作工具	1	普车			1
	2	扳手、锉刀等			1

四、零件车削加工工序卡的制定（表2-9）

表2-9 车削加工工序卡片

		工序卡片	名称		产品代号	零部件名称	零部件代号名称	工序号	2
			型号	C6136B-1		阶梯轴	2-10	工序名称	车工
材料	45#	设备	车床		夹具	三爪卡盘			

工步	工步内容	刀具 名称及规格	主轴转数 n	进给速度 f	切削深度 t	辅具 名称及规格	量具 名称及规格
1	装夹零件时毛坯伸出卡爪≥65mm					道具调整块	游标卡尺
2	装夹车刀90°、45°、切槽刀（刀头对工件准中心）并且刀尖要对正主轴中心误差小于0.1mm						
3	车端面，建立基准面，加工量为0.5~1mm	45°车刀	650r/min	手动	（粗加工）		
4	粗车φ40mm外圆到φ40.5mm，长度35mm，保证面面粗糙度	90°车刀	470r/min	手动	2mm		0~150mm
5	精车φ40mm外圆，保证尺寸精度和粗糙度		650r/min	手动	0.3~0.5		
6	粗车φ30mm外圆到φ30.5mm，长度20mm，保证面面粗糙度	切槽刀	470r/min	手动	2		
7	精车φ30mm外圆，保证尺寸精度和粗糙度	切槽刀	650r/min	手动	0.3~0.5mm		0~200mm
8	倒角	45°车刀	470r/min	手动	1mm		
9	倒钝和去毛刺	45°车刀	470r/min	手动	1mm		
10	检验						

更改	标记	处数	日期	标记	处数	日期

共5页　第4页

五、阶梯轴产品的检测（表 2-10）

表 2-10　阶梯轴零件的检测

序号	检测项目	上、下偏差	是否合格
1	外圆 φ40mm	0 ～ -0.1mm	
2	外圆 φ30mm	0 ～ -0.1mm	
3	总长 50mm		
4	长度 30mm	-0.1 ～ +0.1mm	

任务 2　多阶梯轴的车削加工

任务目标：

（1）能根据图纸车槽。

（2）能根据图纸切断。

（3）能控制外圆尺寸精度在 0.06mm 之内。

一、车削训练（二）（图 2-11）

（a）多阶梯轴 3D 图

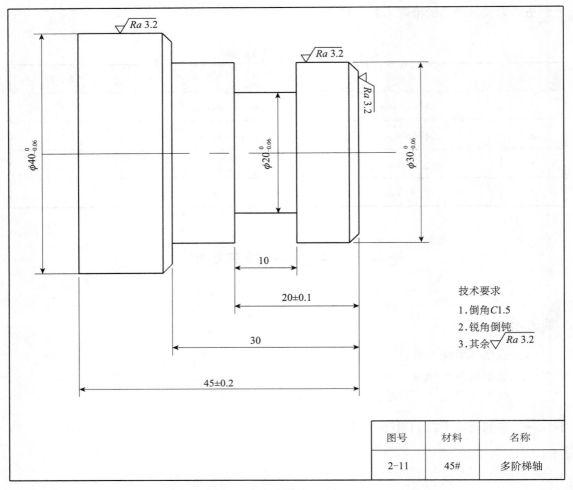

技术要求

1.倒角C1.5

2.锐角倒钝

3.其余 $\sqrt{Ra\,3.2}$

图号	材料	名称
2-11	45#	多阶梯轴

（b）多阶梯轴工程图

图 2-11　多阶梯轴

二、工艺分析（表 2-11）

表 2-11　机械加工工艺过程卡片

机加工实训基地		工艺过程卡		产品型号		零件图号		2-11	
				产品名称		零件名称	多阶梯轴	共页	第页

材料牌号		毛坯种类	45#	毛坯外形尺寸	$\phi50\times100$	毛坯件数	1	每台件数	2

工序号	工序名称	工序内容		工段	设备	工时		备注
						准终	单件	
1	下料	$\phi50\times110$			锯			
2	车	车端面，建立基准面			C6136B-1			

续表

工序号	工名序称	工序内容	工段	设备	工时		备注
					准终	单件	
3	车	一端车削		C6136B-1			
4	热处理	调质					
5	检验						
6	入库						
签字	日期标记	处数	更改文件号	设计（日期）	校对（日期）	审核（日期）	标准化（日期）	会签（日期）

三、工、量、刃具准备清单（表 2-12）

表 2-12　工、量、刃、具准备清单

	工量刃具准备清单	产品名称	多阶梯轴	产品型号	
		零件名称		零件编号	2-11
时间		件数		图纸编号	
材料		下料尺寸		指导教师	
类别	序号	名称	规格或型号	精度	数量
量具	1	游标卡尺	0～150mm	0.02mm	1
	2	千分尺	0～25mm/25～50mm	0.01mm	各1
	3				1
刃具	1	外圆车刀	90°		1
	2	外圆车刀	45°		1
	3	切槽刀			1
操作工具	1	普车			
	2	扳手、锉刀等			

四、零件车削加工工序卡片的制定（表 2-13）

表 2-13　车削加工工序卡片

	车削工序卡片		产品代号		零部件名称	多阶梯轴	零部件代号名称	2-11	工序号			2
设备	名称	车床	夹具	名称	三爪卡盘				工序名称	车工		
	型号	C6136B-1		代号								

序号	工步内容	刀具 名称及规格	主轴转数 n	进给速度 f	切削深度 t	辅具 名称及规格	量具 名称及规格
材料 45#							
1	装夹零件时毛坯伸出卡爪≥65mm						游标卡尺
2	装夹车刀90°、45°、切槽刀（刀尖对工作准中心）、镗刀略高于中心，并且刀尖要对正主轴中心误差小于0.1mm					道具调整块	
3	车端面，建立基准面，加工量为0.5～1mm	45° 车刀	650r/min	手动			0～150mm
4	粗、精车φ40mm外圆，长度35mm，保证粗糙度3.2	90° 车刀	450r/min 670r/min	手动	粗车 2mm 精车 0.3～0.5mm		
5	粗、精车φ30mm外圆，长度20mm，保证粗糙度3.2	切槽刀	450r/min 670r/min	手动	粗车 2mm 精车 0.3～0.5mm		
6	切槽保证尺寸10mm	切槽刀	350r/min	手动	0.1～0.3mm		0～200mm
7	倒角	45° 车刀	450r/min	手动	1mm		
8	倒钝和去毛刺	45° 车刀	450r/min	手动	1mm		
9	切断，切断时要用手动，观察切削状态，保证长度45mm	切断刀	350r/min	手动	0.1～0.3mm		
10	检验						

更改	标记	处数		日期	标记	处数		日期

共 5 页

五、零件的检测（表 2-14）

表 2-14　零件的检测

序号	检测项目	上、下偏差	是否合格
1	外圆 ϕ40mm	0 ～ −0.06mm	
2	外圆 ϕ30mm	0 ～ −0.06mm	
3	总长 45mm	−0.2 ～ +0.2mm	
4	长度 20mm	−0.1 ～ +0.1mm	
5	槽底直径 20mm	0 ～ −0.06mm	
6	定位宽 10mm		
7	槽宽 10mm		

任务 3　锥度心轴的车削加工

任务目标：

（1）能根据图纸车锥台。

（2）能根据图纸掉头加工。

（3）能控制外圆尺寸精度在 0.04mm 之内。

一、车削训练（三）（图 2-12）

（a）锥度心轴 3D 图

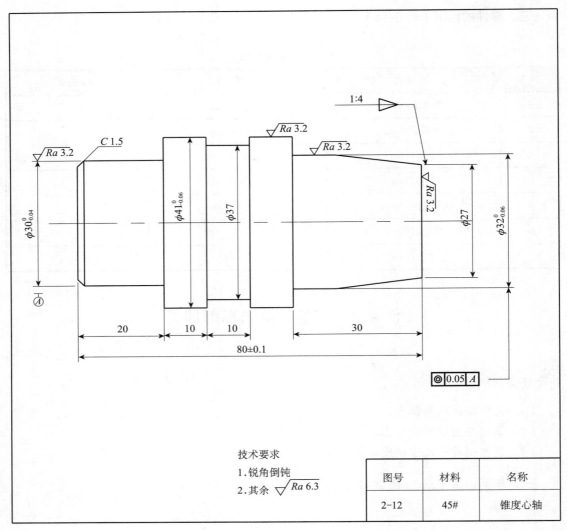

（b）锥度心轴工程图

图 2-12　锥度心轴

二、工艺分析（表 2-15）

表 2-15　机械加工工艺过程卡

机加工实训基地		工艺过程卡片		产品型号		零件图号		2-12		
				产品名称		零件名称		锥度心轴	共页	第页
材料牌号		毛坯种类	45#	毛坯外形尺寸	$\phi 50 \times 90$	毛坯件数		1	每台件数	2
工序号	工序名称	工序内容				工段	设备	工时		备注
								准终	单件	
1	下料						锯			

技术要求

1. 锐角倒钝

2. 其余 $\sqrt{Ra\,6.3}$

图号	材料	名称
2-12	45#	锥度心轴

续表

工序号	工序名称	工序内容	工段	设备	工时		备注
					准终	单件	
2	车	车端面，建立基准面		C6136B-1			
3	车	车左端外圆		C6136B-1			
4	车	打表保证同轴度，车右端		C6136B-1			
5	热处理	调质					
6	检验						
7	入库						

签字	日期标记	处数	更改文件号	设计（日期）	校对（日期）	审核（日期）	标准化（日期）	会签（日期）

三、工、量、刃具准备清单（表2-16）

表 2-16   工、量、刃、具准备清单

工量刃具准备清单		产品名称		产品型号	
		零件名称	锥度心轴	零件编号	2-12
时间		件数		图纸编号	
材料		下料尺寸		指导教师	
类别	序号	名称	规格或型号	精度	数量
量具	1	游标卡尺	0～150mm	0.02mm	1
	2	千分尺	0～25mm/25～50mm	0.01mm	各1
	3				1
刃具	1	外圆车刀	90°		1
	2	外圆车刀	45°		1
					1
操作工具	1	普车			
	2	扳手、锉刀等			

四、零件车削加工工序卡片的制定（表2-17和表2-18）

表2-17　左端车削加工工序卡片

	工步卡片	产品代号		零部件代号名称	2-12	工序号	2
设备	名称 车床	名称	三爪	零部件名称	锥度心轴	工序名称	车工
	型号 C6136B-1	代号					
		夹具					

材料		工步内容	刀具 名称及规格	刀具 主轴转数 n	进给速度 f	切削深度 t	辅具 名称及规格	量具 名称及规格
45#	1	装夹零件时毛坯伸出卡爪≥60mm						
		装夹零件时毛坯伸出卡爪≥60mm，90°、45°、切槽刀，并且刀尖要对正主轴中心误差小于0.1mm						游标卡尺 0～150mm
	2	车左端面，建立基准面，加工量为0.5～1mm	45°车刀	650r/min	手动	（粗加工）		
	3	粗、精车φ41mm外圆，长度62mm，保证粗糙度3.2	90°车刀	470r/min 650r/min	手动	粗车2mm 精车0.3～0.5mm	0.2～0.5铜皮	外径千尺 25～50mm
	4	粗、精车φ30mm外圆，长度20mm，保证粗糙度3.2	90°车刀	470r/min 650r/min	手动	粗车2mm 精车0.3～0.5mm		外径千尺 25～50mm
	5	加工φ37mm槽底直径，宽度10mm，定位宽10mm	切槽刀	350r/min	手动	0.1～0.3mm		
	6	倒角、锐角倒钝		470r/min				
	7	检验						
	8	切断，保证总长82mm		350r/min				
	9	检验						
		标记	处数					日期
		标记	处数			日期		

表2-18 右端车削加工工序卡片

工步卡片			产品代号			零部件名称		零部件代号名称		工序号		2
	设备	名称	车床	名称	三爪		锥度心轴		2-12		工序名称	车工
		型号	C6136B-1	代号								
材料			夹具			刀具				辅具		量具
45#						名称及规格	主轴转数 n	进给速度 f	切削深度 t	名称及规格		名称及规格
	工步内容									0.2～0.5铜皮		
1	装夹左端，打表保证同轴度											
2	车右端面，建立基准面，加工量为0.5～2mm											
3	粗、精车φ32mm外圆，长度30mm，保证粗糙度3.2					90°车刀	470r/min 650r/min		粗车2mm 精车0.3～0.5mm			外径千尺 25～50mm
4	粗、精车1:4锥度，调整刀架角度，保证锥度，小端直径φ26mm以及粗糙度3.2					90°车刀	470r/min 650r/min	手动	粗车2mm 精车0.3～0.5mm			万能角度尺
5	倒角、锐角倒钝					45°车刀	650r/min	手动	1mm			
6	检验											
									日期			
标记	处数		日期	标记	处数							

五、锥台零件的检测（表 2-19）

表 2-19　锥度心轴的检测

序号	检测项目	上、下偏差	是否合格
1	外圆 ϕ41mm	0 ～ -0.06mm	
2	外圆 ϕ32mm	0 ～ -0.06mm	
3	外圆 ϕ30mm	0 ～ -0.04mm	
4	外圆 ϕ27mm		
5	槽外圆 ϕ37mm		
6	总长度 80mm	-0.1 ～ +0.1mm	
7	长度 20mm		
8	长度 30mm		
9	定位宽 10mm		
10	槽宽 10mm		
11	1：4 锥度	-3′ ～ +3′	

任务 4　衬套的车削加工

任务目标：

（1）能使用尾座钻孔。

（2）能根据图纸车削内孔。

一、车削训练（四）（图 2-13）

（a）衬套 3D 图

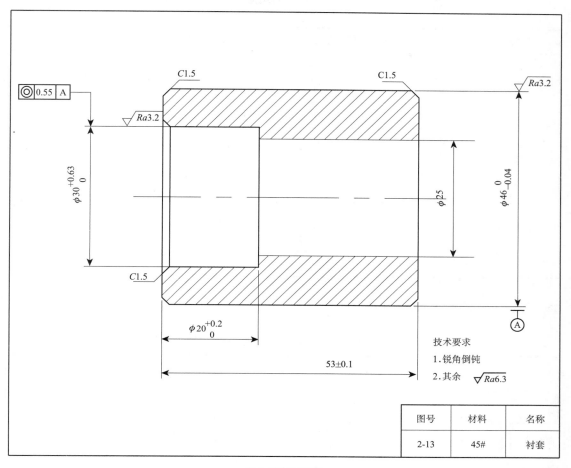

（b）衬套工程图

图 2-13　衬套

二、工、量、刃具准备清单（表 2-20）

表 2-20　工、量、刃具准备清单

工量刃具 准备清单		产品名称		产品型号	
		零件名称	轴套	零件编号	
时间		件数		图纸编号	
材料		下料尺寸		指导教师	
类别	序号	名称	规格或型号	精度	数量
量具	1	游标卡尺	0 ～ 50mm	0.02mm	1
	2	千分尺	25 ～ 50mm	0.01mm	1
	3				1

类别	序号	名称	规格或型号	精度	数量
刃具	1	外圆车刀	90°		1
	2	外圆车刀	45°		1
	3	中心钻	A3.0mm		1
	4	麻花钻	φ22mm		1
	5	内孔车刀			1
	6				1
操作工具	1	普车			1
	2	扳手、锉刀等			1

三、工艺规程卡的制定（表2-21）

表2-21　机械加工工艺过程卡

机加工实训基地	工艺卡片		产品型号		零件图号	2-13		
			产品名称		零件名称	衬套	共页	第页
材料牌号		毛坯种类	45＃	毛坯外形尺寸	φ50×110	毛坯件数	1	每台件数	2

工序号	工序名称	工序内容	工段	设备	工时		备注
					准终	单件	
1	下料	φ50×120		锯			
2	车	车端面，建立基准面		C6136B-1			
3	车	车外圆		C6136B-1			
4	车	钻孔		C6136B-1			
5	车	车内孔		C6136B-1			
6	热处理	调质					
7	检验						
8	入库						

签字	日期标记	处数	更改文件号	设计（日期）	校对（日期）	审核（日期）	标准化（日期）	会签（日期）

四、零件车削加工工序卡片的制定（表2-22）

表 2-22　车削加工工序卡片

		工序卡片			产品代号		零部件名称	衬套	零部件代号名称	2-13			工序号		2
	设备	名称	车床		夹具	名称	三爪						工序名称		车工
	设备	型号	C6136B-1		夹具	代号									
材料	工步内容				刀具							辅具		量具	
					名称及规格	主轴转数 n	进给速度 f	切削深度 t				名称及规格		名称及规格	
45#														钢板尺（0～300mm）	
1	装夹零件时毛坯伸出卡爪车抓≥65mm														
2	装夹车刀 90°、45°、切槽刀（刀尖对工件准中心）、镗刀（略高于工件中心）													千分尺（25～50mm）	
3	车端面，建立基准面，加工量为 0.5～1mm				90°外圆车刀	650r/min	手动	0.5～1mm							
4	粗、精车外圆 φ46mm，长度 55mm，保证粗糙度 3.2				90°外圆车刀	470r/min 650r/min	手动	粗车 2mm 精车 0.3～0.5mm							
5	钻中心定位孔				φ3mm 中心钻	800r/min	手动	3～4mm							
6	钻孔				φ22mm 钻头	240r/min	手动								
7	粗、精车 φ25mm 内孔，长度 55mm，保证粗糙度 3.2				内孔镗刀	470r/min 650r/min	手动	粗车 1.5mm 精车 0.3～0.5mm							
8	粗、精车 φ30mm 内孔，保证长度 20mm 在公差范围内，粗糙度 3.2				内孔镗刀	470r/min 650r/min	手动	粗车 1.5mm 精车 0.3～0.5mm							
9	倒角，锐角倒钝				45°车刀	470r/min	手动								
10	切断，车端面保证长度 53mm				切断刀 45°车刀	350r/min 470r/min	手动								
11	检验							日期							
	标记	处数													
	日期	标记	处数												

五、衬套零件的检测（表 2-23）

表 2-23　零件的检测

序号	检测项目	上、下偏差	是否合格
1	外圆 ϕ46mm	0 ～ -0.04mm	
2	内孔 ϕ30mm	0 ～ +0.063mm	
3	内孔 ϕ25mm		
4	总长 53mm	-0.1 ～ +0.1mm	
5	长度 20mm	0 ～ + 0.2mm	

项目四　两周车工实训考核试题

任务 1　理论试题

任务目标：

能正确给出试题答案。

一、是非题（是打√，非打 ×）

1. 工件旋转作主运动、车刀作进给运动的切削加工方法称为车削。（　　　）

2. 变换主轴箱外手柄的位置可使主轴得到各种不同转速。（　　　）

3. 卡盘的作用是用来装夹工件、带动工件一起旋转的。（　　　）

4. 车削不同螺距的螺纹可通过调换进给箱内的齿轮实现。（　　　）

5. 光杠是用来带动溜板箱，使车刀按要求方向作纵向或横向运动的。（　　　）

6. 光杠是用来车削螺纹的。（　　　）

7. 变换进给箱手柄的位置，在光杠或丝杆的传动下，能使车刀按要求方向作进给运动。
（　　　）

8. 小滑板可左右移动角度，车削带锥度的工件。（　　　）

9. 机床的类别用汉语拼音字母表示，居型号的首位，其中字母"C"是表示车床类。
（　　　）

10. 对车床来说，如第一位数字是"6"，代表的是落地及卧式车床组。（　　　）

11. 车床工作中主轴要变速时，必须先停车，变换进给箱手柄位置要在低速时进行。
（　　　）

12. 车床露在外面的滑动表面，擦干净后用油壶浇油润滑。（　　　）

13. 车床运转 500h 后，需要进行一级保养。（　　　）

14. 开机前，在手柄位置正确情况下，需低速运转约 2min 后，才能进行车削。（　　　）

15. 装夹较重较大工件时，必须在机床导轨面上垫上木块，防止工件突然坠下砸伤导轨。（　　　）

16. 车工在操作中严禁戴手套。（　　　）

17. 使用硬质合金刀具切削时，如用切削液，必须一开始就连续充分地浇注，否则，硬质合金刀片会因骤冷而产生裂纹。（　　　）

18. 常用车刀按刀具材料可分为高速钢车刀和硬质合金车刀两类。（　　　）

19. 切削热主要由切屑、工件、刀具及周围介质传导出来。（　　　）

20. 如果要求切削速度保持不变，则当工件直径增大时，转速应相应降低。(　　)

21. 切削用量包括背吃刀量、进给量和工件转速。(　　)

22. 背吃刀量是工件上已加工表面和待加工表面间的垂直距离。(　　)

23. 进给量是工件每回转一分钟，车刀沿进给运动方向上的相对位移。(　　)

24. 切削速度是切削加工时，刀具切削刃选定点相对于工件的主运动的瞬时速度。(　　)

25. 如果背吃刀量和进给量选得都比较大，选择切削速度时要适当降低些。(　　)

26. 90° 车刀（偏刀），主要用来车削工件的外圆、端面和台阶。(　　)

27. 不通孔车刀的主偏角应大于 90°。(　　)

28. 切削运动中，速度较高、消耗切削功率较大的运动是主运动。(　　)

29. 车刀在切削工件时，使工件上形成已加工表面、切削平面和待加工表面。(　　)

30. 工件上经刀具切削后产生的新表面，叫加工表面。(　　)

31. 用负刃倾角车刀切削时，切屑排向工件待加工表面。(　　)

32. 车外圆时，若车刀刀尖装得低于工件轴线，则会使前角增大，后角减小。(　　)

33. 车端面时，车刀刀尖应稍低于工件中心，否则会使工件端面中心处留有凸头。(　　)

34. 车刀的基本角度有前角、主后角、副后角、主偏角、副偏角和刃倾角。(　　)

35. 车刀后角的主要作用是减少车刀后刀面与切削平面之间的摩擦。(　　)

36. 粗加工时，为了保证切削刃有足够的强度，车刀应选择较小的前角。(　　)

37. 主偏角等于 90° 的车刀一般称为偏刀。(　　)

38. 45° 车刀常用于车削工件的端面和 45° 倒角，也可以用来车削外圆。(　　)

39. 45° 车刀的主偏角和刀尖角都等于 45°。(　　)

40. 车削短轴可直接用卡盘装夹。(　　)

41. 一夹一顶装夹，适用于工序较多、精度较高的工件。(　　)

42. 两顶尖装夹适用于装夹重型轴类工件。(　　)

43. 两顶尖装夹粗车工件，由于支承点是顶尖，接触面积小，不能承受较大的切削力，所以该方法不好。(　　)

44. 精车时，必须保证床鞍、中、小滑板包括刀架无间隙松动现象，才能使背吃刀量稳定可靠，以控制轴向尺寸精度。(　　)

45. 中心孔是轴类工件的定位基准。(　　)

46. 车床中滑板刻度盘每转过一格，中滑板移动 0.05mm，有一工件试切后尺寸比图样小 0.2mm，这时应将中滑板向相反方向转过 2 格，就能将工件车到图样要求。(　　)

47. 车外圆时，车刀刀杆的中心线与进给量方向不垂直，这时车刀的前角和后角的数值都发生变化。(　　)

48. 用中等切削速度切削塑性金属时最易产生积屑瘤。(　　)

49. 切断刀以横向进给为主，因此主偏角等于 180°。(　　)

50. 圆柱孔的测量比外圆测量来得困难。(　　)

51. 麻花钻可以在实心材料上加工内孔，不能用来扩孔。(　　)

52. 标准麻花钻的顶角为 140°。（　　　）

53. 直径大于 14mm 的锥柄钻头可直接装在尾座套筒内。（　　　）

54. 钻孔时的背吃刀量，就是钻头的直径尺寸。（　　　）

55. 不通孔车刀的主偏角应小于 90°。（　　　）

56. 铰孔不能修正孔的直线度误差，所以铰孔前一般都经过车孔。（　　　）

57. 铰刀齿数一般取偶数，是为了便于测量铰刀直径和在切削中使切削力对称，使铰出的孔有较高精度的圆度。（　　　）

58. 圆锥体的大、小直径之差与圆锥长度之比称为锥度。（　　　）

59. 用转动小滑板法车削圆锥体，由于受小滑板行程的限制，且只能手动进给，工件表面粗糙度难控制。（　　　）

60. 普通三角形螺纹，它的牙型角为 55°。（　　　）

二、选择题（将正确答案的序号写在括号内）

1. 变换（　　　）外的手柄，可以使光杠得到各种不同的转速。

A. 主轴箱　　　　B. 溜板箱　　　　C.交换齿轮箱　　　　D.进给箱

2. 主轴的旋转运动通过交换齿轮箱、进给箱、丝杠或光杠、溜板箱的传动，使刀架作（　　　）进给运动。

A. 曲线　　　　B. 直线　　　　C. 圆弧

3. （　　　）的作用是把主轴旋转运动传送给进给箱。

A. 主轴箱　　　　B. 溜板箱　　　　C. 交换齿轮箱

4. 机床的（　　　）是支承件，支承机床上的各部件。

A. 床鞍　　　　B. 床身　　　　C. 尾座

5. CM1632 中的 M 表示（　　　）。

A. 磨床　　　　B. 精密　　　　C. 机床类别的代号

6. 车床外露的滑动表面一般采用（　　　）润滑。

A. 浇油　　　　B. 溅油　　　　C. 油绳　　　　D. 油脂杯

7. 当车床运转（　　　）h 后，需要进行一级保养。

A. 100　　　　B. 200　　　　C.500　　　　D. 1000

8. 粗加工时，切削液应选用以冷却为主的（　　　）。

A. 切削油　　　　B. 混合油　　　　C. 乳化液

9. 卧式车床型号中的主参数代号是用（　　　）折算值表示的。

A. 中心距　　　　B. 刀架上最大回转直径

C. 床身上最大工件回转直径

10. C6140A 车床表示经第（　　　）次重大改进的。

A. 一　　　　B. 二　　　　C. 三

11. C6140A 车床表示床身上最大工件回转直径为（　　　）mm 的卧式车床。

A. 140　　　　B. 400　　　　C. 200

12. 前角增大能使车刀（　　　）。

A. 刃口锋利　　　　　　B. 切削费力　　　　　　C. 排屑不畅

13. 切削时，切屑排向工件已加工表面的车刀，此时刀尖位于主切削刃的（　　　）点。

A. 最高　　　　　　　　B. 最低　　　　　　　　C. 任意

14. 车削（　　　）材料时，车刀可选择较大的前角。

A. 软　　　　　　　　　B. 硬　　　　　　　　　C. 脆性

15. 偏刀一般是指主偏角（　　　）90°的车刀。

A. 大于　　　　　　　　B. 等于　　　　　　　　C. 小于

16. 45°车刀的主偏角和（　　　）都等于45°。

A. 楔角　　　　　　　　B. 刀尖角　　　　　　　C. 副偏角

17. 同轴度要求较高，工序较多的长轴用（　　　）装夹较合适。

A. 四爪单动卡盘　　　　B. 三爪自定心卡盘　　　C. 两顶尖

18. 用一夹一顶装夹工件时，若后顶尖轴线不在车床主轴轴线上，会产生（　　　）。

A. 振动　　　　　　　　B. 锥度　　　　　　　　C. 表面粗糙度达不到要求

19. 轴类工件的尺寸精度都是以（　　　）定位车削的。

A. 外圆　　　　　　　　B. 中心孔　　　　　　　C. 内孔

20. 钻中心孔时，如果（　　　），就不易使中心钻折断。

A. 主轴转速较高　　　　B. 工件端面不平　　　　C. 进给量较大

21. 车外圆时，切削速度计算式中的直径 D 是指（　　　）直径。

A. 待加工表面　　　　　B. 加工表面　　　　　　C. 已加工表面

22. 粗车时为了提高生产率，选用切削用量时，应首先取较大的（　　　）。

A. 背吃刀量　　　　　　B. 进给量　　　　　　　C. 切削速度

23. 切削中影响残留面积的主要因素是（　　　）。

A. 进给量　　　　　　　B. 切削速度　　　　　　C. 刀具的前角

24. 用硬质合金车刀精车时，为减小工件表面粗糙度值，应尽量提高（　　　）。

A. 背吃刀量　　　　　　B. 进给量　　　　　　　C. 切削速度

25. 切削脆性金属产生（　　　）切屑。

A. 带状　　　　　　　　B. 挤裂　　　　　　　　C. 崩碎

26. 切断刀的主偏角为（　　　）度。

A. 90　　　　　　　　　B. 100　　　　　　　　　C. 80

27. 反切断刀适用于切断（　　　）。

A. 硬材料　　　　　　　B. 大直径工件　　　　　C. 细长轴

28. 切断时的背吃刀量等于（　　　）。

A. 直径之半　　　　　　B. 刀头宽度　　　　　　C. 刀头长度

29. 切断刀折断的主要原因是（　　　）。

A. 刀头宽度太宽　　　B. 副偏角和副后角太大　　　　　　C. 切削速度高

30. 套类工件的车削要比车削轴类难，主要原因有很多，其中之一是（　　　）。

A. 套类工件装夹时容易产生变形　　　　B. 车削位置精度高

C. 其切削用量比车轴类高

31. 通常把带（　　）的零件作为套类零件。

A. 圆柱孔　　　　　　　B. 孔　　　　　　　C. 圆锥孔

32. 直柄麻花钻的直径一般小于（　　）mm。

A. 12　　　　　　　　　B. 14　　　　　　　C. 15

33. 根据切削速度计算公式可知，在相同的切削速度下，钻头直径变小，转速（　　）。

A. 不变　　　　　　　　B. 变大　　　　　　C. 变小

34. 通孔车刀的主偏角一般取（　　）。

A. $60° \sim 75°$　　　　　　B. $90° \sim 95°$　　　　C. $15° \sim 30°$

35. 标准麻花钻的顶角一般在（　　）左右。

A. $100°$　　　　　　　　B. $118°$　　　　　　C. $140°$

36. 钻孔时的背吃刀量是（　　）。

A. 钻孔的深度　　　　　B. 钻头直径　　　　C. 钻头直径的一半

37. 钻孔的公差等级一般可达（　　）级。

A. $IT7 \sim IT9$　　　　　B. $IT11 \sim IT12$　　　C. $IT14 \sim IT15$

38. （　　）是常用的孔加工方法之一，可以作粗加工，也可以作精加工。

A. 钻孔　　　　　　　　B. 扩孔　　　　　　C. 车孔　　　　　　　D. 铰孔

39. 在装夹不通孔车刀时，刀尖（　　），否则车刀容易折碎。

A. 应高于工件旋转中心　　　　　　　B. 与工件旋转中心等高

C. 应低于工件旋转中心

40. 手用铰刀的柄部为（　　）。

A. 圆柱形　　　　　　　B. 圆锥形　　　　　C. 方榫形

41. 铰刀的柄部是用来装夹和（　　）用的。

A. 传递转矩　　　　　　B. 传递功率　　　　C. 传递速度

42. 手用铰刀与机用铰刀相比，其铰削质量（　　）。

A. 好　　　　　　　　　B. 差　　　　　　　C. 一样

43. 车孔后的表面粗糙度可达 Ra（　　）μm。

A. $0.8 \sim 1.6$　　　　　B. $1.6 \sim 3.2$　　　　C. $3.2 \sim 6.3$

44. 车孔的公差等级可达（　　）。

A. $IT14 \sim IT15$　　　　B. $IT11 \sim IT12$　　　C. $IT7 \sim IT8$

45. 铰孔的表面粗糙度值可达 Ra（　　）μm。

A. $0.8 \sim 3.2$　　　　　B. $6.3 \sim 12.5$　　　C. $3.2 \sim 6.3$

46. 车端面直槽时，车刀左侧面后角应磨成（　　）。

A. 弧形　　　　　　　　B. 直线　　　　　　C. 曲线

47. 用转动小滑板法车削圆锥面时，车床小滑板应转过的角度为（　　）。

A. 圆锥角（α）　　　　B. 圆锥半角（$\alpha/2$）　C. 1：20

48. 经过精车以后的工件表面，如果还不够光洁，可以用砂布进行（　　）。

A. 研磨　　　　　　　　B. 抛光　　　　　　C. 修光

49. 为了确保安全，在车床上锉削成形面时应（　　）握锉刀柄。

A. 左手　　　　　　　　B. 右手　　　　　　　　C. 双手

50. 在机械加工中，通常采用（　　）的方法来进行加工螺纹。

A. 车削螺纹　　　　　　B. 滚压螺纹　　　　　　C. 搓螺纹

51. 车普通螺纹时，车刀的刀尖角应等于（　　）。

A. 30°　　　　　　　　B. 55°　　　　　　　　C. 60°

52. M16×1.5 表示该螺纹为（　　）。

A. 公称直径是 16mm 螺距为 1.5mm 的粗牙普通螺纹

B. 公称直径是 16mm 螺距为 1.5mm 的细牙普通螺纹

C. 公称直径是 16mm 螺距为 1.5mm 左旋普通螺纹

53. 普通螺纹牙顶应是（　　）。

A. 圆弧型　　　　　　　B. 尖型　　　　　　　　C. 削平的

54. 粗磨高速钢螺纹车刀切削时应选用（　　）砂轮刃磨后刀面和前刀面。

A. 碳化钢　　　　　　　B. 氧化铝　　　　　　　C. 碳化硅

55. （　　）车出的螺纹能获得较小的表面粗糙度值。

A. 直进法　　　　　　　B. 左右切削法　　　　　C. 斜进法切削

56. 高速车削三角形螺纹的螺距一般在（　　）。

A. 3mm 以下　　　　　　B. 1.5 ～ 3mm　　　　　C. 3mm 以上

57. 切削速度达到（　　）m/min 以上时，积屑瘤不会产生。

A. 70　　　　　　　　　B. 30　　　　　　　　　C. 150

58. 套螺纹时必须先将工件外圆车小，然后将端面倒角，倒角后的端面直径（　　），使板牙容易切入工件。

A. 小于螺纹大径　　　　B. 小于螺纹中径　　　　C. 小于螺纹小径

59. 车床上的传动丝杠是（　　）螺纹。

A. 梯形　　　　　　　　B. 三角　　　　　　　　C. 矩形

60. 精度高的螺纹要用（　　）测量它的螺距。

A. 游标卡尺　　　　B. 钢直尺　　　　C. 螺距规　　　　D. 螺纹千分尺

61. 图纸中所标注的尺寸（　　）

A. 是零件最后完工尺寸　　　　　　　　B. 是绘制图纸的尺寸，与比例无关

C. 以毫米为单位，必须标注计量单位　　D. 只确定零件的大小

62. 确定零件真实大小的依据是（　　）

A. 图纸的大小　　　　　　　　　　　　B. 图纸上所标注的尺寸数值

C. 图纸大小或尺寸　　　　　　　　　　D. 图纸的准确度

63. 下列尺寸正确标注的图形是（　　）

A　　　　　　　B　　　　　　　C　　　　　　　D

64. 圆柱倒角尺寸的正确标注是（　　　）

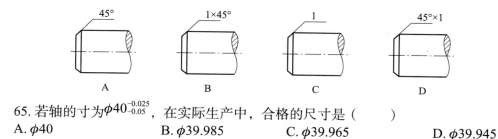

65. 若轴的寸为 $\phi 40^{-0.025}_{-0.05}$，在实际生产中，合格的尺寸是（　　　）
A. $\phi 40$　　　　　　　B. $\phi 39.985$　　　　　　C. $\phi 39.965$　　　　　　D. $\phi 39.945$

任务 2　测绘试题

任务目标：

完成零件测绘及绘图。

一、试题要求

（1）按零件实际尺寸选择合适比例画出零件图。

（2）在合适位置标注满足加工需求的公称尺寸，加工部分精确到 0.1mm，并根据实际测量值标注尺寸公差，外圆标偏差，长度标对称公差。

（3）按试题给定内容在图纸上标注形位公差以及表面粗糙度。

（4）按试题给定内容在图纸上填写标题栏和技术要求。

二、考核方法

1. 现场测量

2. 现场绘图

三、测绘的方法及时间

（1）考试方法：根据实物测量、手工绘制零件图样。

（2）考核时间：45min。

四、试题说明

（1）尺寸标注单位为毫米（mm），图中所标注尺寸为实际测量尺寸取整，标公差。

（2）技术要求内容如下：

①锐角倒钝；

②其余 $\sqrt{Ra6.3}$

（3）标题栏填写内容：工件名称、材料、比例、图样代号、制图人姓名、日期（考试当天日期）。

（4）各面粗糙度 3.2。

五、测绘的得分标准（表 2-24）

表 2-24　测绘的得分标准

序号	考核项目	考核内容及要求	配分	评分标准	扣分	得分
1	视图选择	视图选择	10	合理选择主视图		
		视图布局	10	根据工件大小和图纸幅面合理布局		
2	线型表达	粗实线	10	按配分除以粗实线条数，为每一粗实线分值，多画、少画适当扣分		
		细实线	6	按配分除以细实线条数，为每一细实线分值，多画、少画适当扣分		
		中心线	4	按配分除以中心线条数，为每一中心线分值，多画、少画适当扣分		
3	尺寸标注	测量尺寸	10	每超差 ±0.02，扣 1 分		
		标注基准	5	合理选择基准标注，一处不合理扣 1 分		
		尺寸标注	15	每少标或错标一个扣 2 分，不合理、不清晰扣 1 分		
4	其他内容	技术要求	5	标在适当的位置和合适的内容		
		粗糙度	10	按要求标注粗糙度，少标或错标扣 1 分		
		图面质量	5	图面整洁和效果的程度适当给分		
		标题栏	10	按要求内容填写，少或错一处扣 1 分		
合　计			100			

六、测绘试题

（a）

(图名)		比例	材料	图号
			名、班级（校）	
	(学号)			
制图				
审核				

	(姓名)

图 2-14　测绘试题一

（b）

	比例		材料		图号	
(图名)				名、班级（校）		
	(姓名)		(学号)			
制图						
审核						

（b）

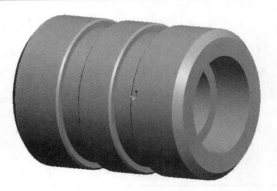

（a）

图 2-15　测绘试题二

		图号		
	材料			名、班级（校）
	比例			
（图名）	（学号）			
	（姓名）			
	制图			
	审核			

（b）

（a）

图 2-16　测绘试题三

任务 3　车工实操试题

任务目标：

能根据图纸完成零件加工。

一、车工实操试题要求

（1）本题分值：100 分。

（2）考核时间：90min。

（3）具体考核要求：按工件图样完成加工操作。

二、工量具备料单

（1）材料准备，见表 2-25。

表 2-25　材料准备清单

名称	规格	数量	要求
棒料	$\phi50\times120$	1 根 / 每位考生	

（2）设备准备，见表 2-26。

表 2-26　设备准备清单

名称	规格	数量	要求
普通车床	根据考点情况选择		
卡盘扳手	相应车床	1 副 / 每台车	
刀架扳手	相应车床	1 副 / 每台车	
软爪			

（3）考场准备详见表 2-27。

表 2-27　考场准备清单

考核要求	准备内容
工位要求	考场面积每位考生一般不少于 8m²
	每个操作工位不少于 4m²，过道宽度不少于 2m
	每个工位应配有一个 0.5m² 的台面，供考生摆放工量刃具
	每个工位应配有课桌、椅，供考生编写程序
	考场电源功率必须能满足所有设备正常启动工作
	考场应配有相应数量的清扫工具，油壶、棉丝
	考场需配有电刻笔，机床应有明显的工位编号
人员要求	监考人员数量与考生人数之比为 1：10
	每个考场至少配机修工、电器维修工、医护人员各 1 名
	监考人员、考试服务人员必须于考前 30min 到考场

（4）考场安全，详见表 2-28。

表 2-28　考场安全事项

项目	准备内容
场地安全	场地及通道必须符合国家对教学实训场所的规定
	场地及通道内必须配备符合国家法令的消防设施
	所有的电气设施必须符合国家标准
	必须保证考核使用设备的安全装置完好
人员安全	监考人员发现考生有违反安全生产规定的行为要立即制止，对于不服从指挥者，监考人员有权中止其考试，并认真做好记录
	考生及监考人员必须穿戴好安全防护服装
	考场必须在开始考试前对考生进行必要的安全教育
	考场应准备一定的急救用品

（5）工量具清单，见表 2-29。

表 2-29　工量具清单

序号	名称	型号	数量	要求
1	93°外圆车刀（右偏）	相应车床	自定	刀尖角 35°
2	45°端面车刀	相应车床	自定	
3	常用工具和铜皮	自选	自定	
4	外切槽刀	相应车床	各 1	
5	外径千分尺	0.01/25～50	1	
6	游标卡尺	0.02/0～200	1	
7	计算器			
8	草稿纸			

三、评分标准

1. 操作技能考核总成绩见表 2-30。

表 2-30　操作技能考核总成绩表

序号	项目名称	配分	得分	备注
1	现场操作规范	10		
2	工序制定	20		
3	工件质量	70		
	合　计	100		

2. 现场操作规范评分见表 2-31。

表 2-31　现场操作规范评分表

序号	项目	考核内容	配分	考场表现	得分
1	现场操作规范	工具的正确使用	2		
2		量具的正确使用	2		
3		刃具的合理使用	2		
4		设备正确操作和维护保养	4		
合计			10		

3. 工序制定评分见表 2-32。

表 2-32　工序制定评分表

序号	项目	考核内容	配分	实际情况	得分
1	工序制定	工序制定合理	10		
2	选择刀具	合理、得当、正确	10		
合计			20		

四、车工实操试题与工件质量评分标准

1. 车工实操试题一

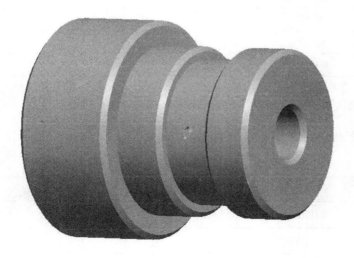

（a）

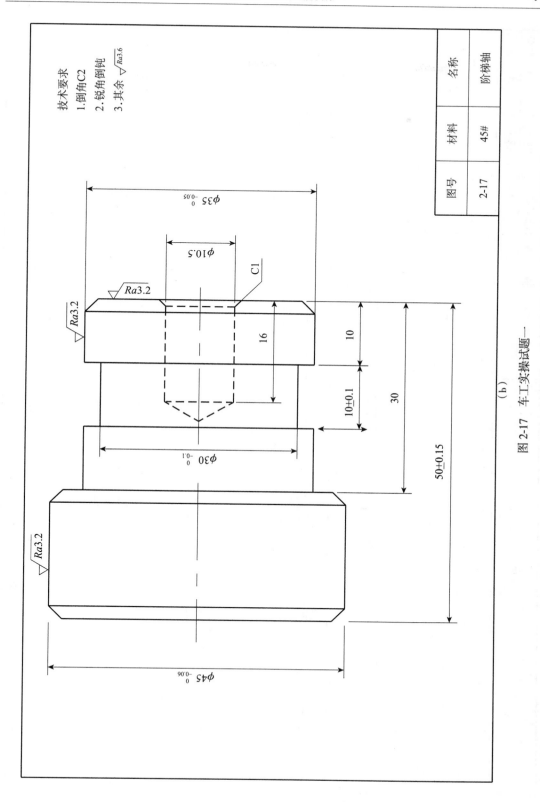

技术要求
1.倒角C2
2.锐角倒钝
3.其余 $\sqrt{Ra3.6}$

图号	材料	名称
2-17	45#	阶梯轴

图 2-17　车工实操试题一

（b）

表 2-33　车削加工工序卡片

	工卡卡片		产品代号		零部件名称	零部件代号名称	工序号	
							工序名称	

| 材料 | 设备 | 名称 | | 夹具 | 名称 | | | |
| | | 型号 | 车床 | | 代号 | | | |

工步内容		刀 具				辅 具	量 具	
		名称及规格	主轴转数 n	进给速度 f	切削深度 t	名称及规格	名称及规格	
1								
2								
3								
4								
5								
6								
7								
8								
9								
10								
11								

| 标记 | 处数 | | | 日期 | 标记 | 处数 | 日期 | |

表 2-34 车工实操试题一质量评分表

序号	评分项目	配分	评分标准	得分	总分 × 70%
1	外圆 ϕ45	12			
2	外圆 ϕ35	12			
3	槽底 ϕ30	8			
4	总长 50	8			
5	台阶长 30	8	未完成项目不计入总分 每超差 0.02 扣 1 分		
6	定位宽 10	5			
7	槽宽 10	5			
8	内孔 ϕ10.5	4			
9	内孔深 16	4			
10	其他	4			

2. 车工实操试题二

（a）

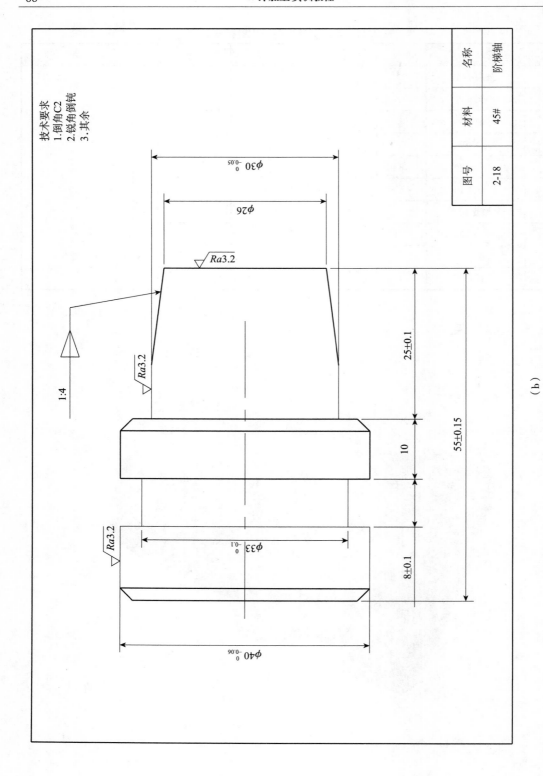

图 2-18　车工实操试题二

（b）

表 2-35　车削加工工序卡片

| 工卡片 | | 产品代号 | | 零部件名称 | 零部件代号名称 | 工序号 | | 工序名称 |

设备	名称							
	型号							
车床								
夹具	名称							
	代号							
材料								

工步内容	刀具				辅具	量具
	名称及规格	主轴转数 n	进给速度 f	切削深度 t	名称及规格	名称及规格
1						
2						
3						
4						
5						
6						
7						
8						
9						
10						
11						

| 标记 | 处数 | 日期 | | 标记 | 处数 | 日期 |

表 2-36　车工实操试题二质量评分表

序号	评分项目	配分	评分标准	得分	总分 ×70%
1	外圆 ϕ40	12			
2	外圆 ϕ30	12			
3	槽底 ϕ33	8			
4	总长 55	8			
5	台阶长 25	6	未完成项目不计入总分 每超差 0.02 扣 1 分		
6	台阶宽 10	5			
7	槽宽 8	5			
8	锥端面 ϕ26	4			
9	锥度 1：4	6			
10	其他	4			

3. 车工实操试题三

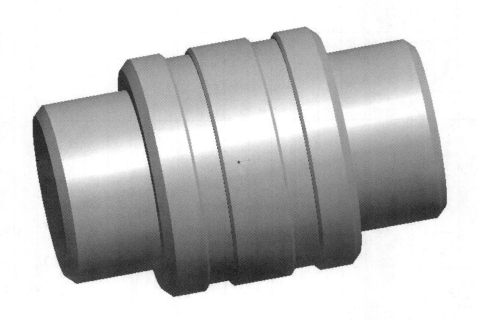

（a）

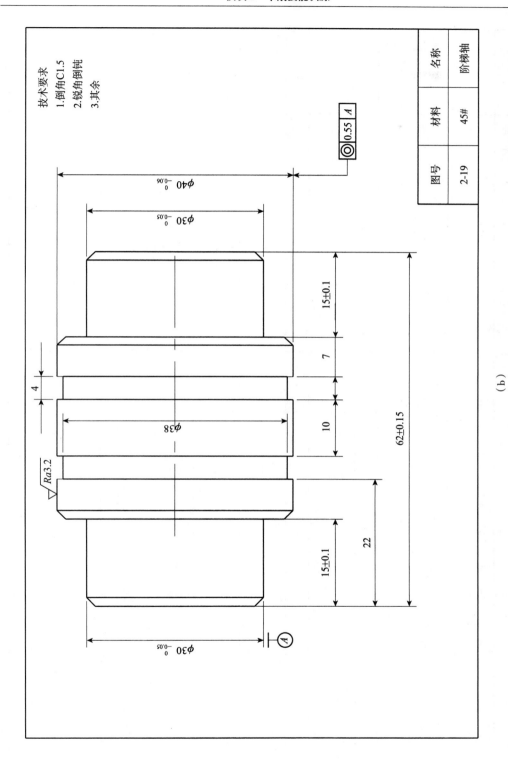

图 2-19　车工实操试题三

（b）

图号	材料	名称
2-19	45#	阶梯轴

技术要求
1.倒角C1.5
2.锐角倒钝
3.其余

表 2-37　车削加工工序卡片

工卡片		产品代号		零部件名称		零部件代号名称		工序号	
								工序名称	
设备	名称	车床							
	型号								
夹具	名称								
	代号								
材料									

工步内容	刀具				辅具	量具
	名称及规格	主轴转数 n	进给速度 f	切削深度 t	名称及规格	名称及规格
1						
2						
3						
4						
5						
6						
7						
8						
9						
10						
11						

标记	处数	日期	标记	处数	日期

表 2-38 车工实操试题三质量评分表

序号	评分项目	配分	评分标准	得分	总分 × 70%
1	外圆 $\phi40$	10			
2	外圆 $\phi30$	10			
3	外圆 $\phi30$	10			
4	总长 62	8			
5	台阶长 15	4	未完成项目不计入总分 每超差 0.02 扣 1 分		
6	台阶长 15	4			
7	台阶长 22	4			
8	台阶宽 10	4			
9	台阶宽 7	4			
10	槽宽 4	4			
11	槽底 $\phi38$	4			
12	其他	4			

模块 ③
铣削技能训练

项目一　初级铣工国家职业标准

初级铣工国家职业标准见表 3-1。

表 3-1　初级铣工国家职业标准

职业能力	工作内容	技能要求	相关知识
一、工艺准备	（一）读图与绘图	能读懂带斜面的矩形体、带槽或键的轴、套筒、带台阶或沟槽的多面体等简单零件图	1. 简单零件的表示方法 2. 绘制平行垫铁等简单零件的草图的方法
	（二）制定加工工艺	1. 能读懂平面、连接面、沟槽、花键轴等简单零件的工艺规程 2. 能制定简单工件的铣削加工顺序 3. 能合理选择切削用量 4. 能合理选择铣削切削液	1. 平面、连接面、沟槽、花键轴等简单零件的铣削工艺 2. 铣削用量及选择方法 3. 铣削切削液及选择方法
	（三）工件定位与夹紧	能正确使用铣床通用夹具和专用夹具	1. 铣床通用夹具的种类、结构和使用方法 2. 专用夹具的特点和使用方法
	（四）刀具准备	1. 能合理选用常用铣刀 2. 能在铣床上正确地安装铣刀	1. 铣刀各部位名称和作用 2. 铣刀的安装和调整方法
	（五）设备维护保养	能进行普通铣床的日常维护保养和润滑	普通铣床的维护保养方法
二、工件加工	（一）平面和连接面的加工	能铣矩形工件和连接面并达到以下要求： 1. 尺寸公差等级达到 IT9 2. 垂直度和平行度 IT7 3. 表面粗糙度 Ra3.2 4. 斜面的尺寸公差等级 IT12、IT11，角度公差为 ±15′	平面和连接面的铣削方法
	（二）台阶、沟槽和键槽的加工	能铣台阶和直角沟槽、键槽、特形沟槽，并达到以下要求： 1. 表面粗糙度 Ra3.2 2. 尺寸公差等级 IT9 3. 平行度 IT7，对称度 IT9 4. 特形沟槽尺寸公差等级 IT11	1. 台阶和直角沟槽的铣削方法 2. 键槽的铣削方法 3. 工件的切断及铣窄槽的方法 4. 特形槽的铣削方法
	（三）分度头的应用及加工角度面和刻度	能铣角度面或在圆柱、圆锥和平面上刻线，并达到以下要求： 1. 铣角度面时，尺寸公差等级 IT9；对称度 IT8；角度公差为 ±5′ 2. 刻线要求线条清晰、粗细相等、长短分清、间距准确	1. 分度方法 2. 铣角度面时的尺寸计算和调整方法 3. 利用分度头进行刻线的方法
	（四）花键轴的加工	能用单刀或组合铣刀粗铣花键，并达到以下要求： 1. 键宽尺寸公差等级 IT10，小径公差等级 IT12 2. 平行度 IT7，对称度 IT9 3. 表面粗糙度 Ra3.2 ～ 6.3	外花键的铣削知识
三、精度检验及误差分析	（一）平面、矩形工件、斜面、台阶、沟槽的检验	1. 能用游标卡尺、刀口形直尺、千分尺、百分表、90°角尺、万能角度尺、塞规等常用量具检验平面、斜面、台阶、沟槽和键槽等 2. 能用辅助测量圆棒和常用量具检验沟槽	1. 使用游标卡尺、刀口形直尺、千分尺、百分表、90°角尺、万能角度尺、塞规等常用量具检验平面、斜面、台阶、沟槽和键槽的方法 2. 用辅助测量圆棒和常用量具检验沟槽的方法
	（二）特殊形面的检验	能利用分度头和常用量具检验外花键和分度面	用分度头和常用量具检验外花键和分度面的方法

<h1 style="text-align:center">项目二　铣削加工基础</h1>

<h2 style="text-align:center">任务 1　认识铣床</h2>

任务目标：

（1）熟悉铣床的基本结构。

（2）熟悉铣床的型号。

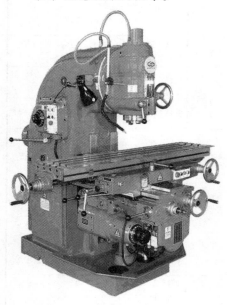

图 3-1　立式铣床

一、铣床的结构（图 3-1）

二、铣床的基本部件

铣床种类虽然很多，但各类铣床的基本结构大致相同。现以 X6132 型万能升降台铣床为例，介绍铣床各部分的名称、功用及操作方法。

（1）底座。底座是整部机床的支承部件，具有足够的强度和刚度。底座的内腔盛装切削液，供切削时冷却润滑。

（2）床身。床身是铣床的主体，铣床上大部分的部件都安装在床身上。床身的前壁有燕尾形的垂直导轨，升降台可沿导轨上下移动；床身的顶部有水平导轨，悬梁可在导轨上面水平移动；床身的内部装有主轴、主轴变速机构、润滑油泵等。

（3）悬梁与悬梁支架。悬梁的一端装有支架，支架上面有与主轴同轴线的支承孔，用来支承铣刀轴的外端，以增强铣刀轴的刚性。悬梁向外伸出的长度可以根据刀轴的长度进行调节。

（4）主轴。主轴是一根空心轴，前端有锥度为 7：24 的圆锥孔，铣刀刀轴一端就安装在锥孔中。主轴前端面有两键块，通过键连接传递扭矩，主轴通过铣刀轴带动铣刀作同步旋转运动。

（5）主轴变速机构。由主传动电动机（7.5kW 1450r/min）通过带传动、齿轮传动机构带动主轴旋转，操纵床身侧面的手柄和转盘，可使主轴获得 18 种不同的转速。

（6）纵向工作台。纵向工作台用来安装工件或夹具，并带动工件作纵向进给运动。工作台上面有三条 T 形槽，用来安放 T 形螺钉以固定夹具和工件。工作台前侧面有一条 T 形槽，用来固定自动挡铁，控制铣削长度。

（7）床鞍。床鞍（也称横拖板）带动纵向工作台做横向移动。

（8）回转盘。回转盘装在床鞍和纵向工作台之间，用来带动纵向工作台在水平面内作45°的水平调整，以满足加工的需要。

（9）升降台。升降台装在床身正面的垂直导轨上，用来支撑工作台，并带动工作台上下移动。升降台中下部有丝杠与底座螺母连接；铣床进给系统中的电动机和变速机构等就安装在其内部。

（10）进给变速机构。进给变速机构装在升降台内部，它将进给电动机的固定转速通过其齿轮变速机构，变换成 18 级不同的进给速度，使工作台获得不同的进给速度，以满足不同的铣削需要。

三、铣床的型号

铣床的型号由表示该铣床所属的系列、结构特征、性能和主要技术规格等的代号组成。如图 3-2 所示。

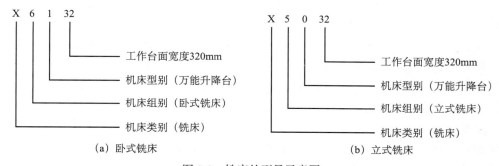

图 3-2　铣床的型号示意图

任务 2　铣床的安全操作及保养

 任务目标：

（1）熟悉铣床的基本操作。

（2）能一级保养铣床。

一、铣床的基本操作

操作前，必须首先熟悉机床上各种操作手柄、按钮及开关等的位置及其作用，同时请参阅机床操纵图。

1. 铣头部分

（1）当装、卸刀具而拉紧或松开拉杆时，需先用主轴旋转制动手柄刹紧主轴。当松开拉杆时，弹簧夹头还没有及时松开，轻敲一下拉杆顶端即可。

（2）注意！ 在启动电机以前，必先松开主轴制动手柄，以免烧坏电机。

（3）主轴变速前必须先停车。如由低速挡转换为高速挡，先将主轴高低速操纵手柄上抬，如手柄在位置"Ⅱ"仍有晃动，则再用手柄稍稍回转三角带，当听到咔嗒声，手柄自动调至位置Ⅱ，则证明已接通高速挡。

由高速挡转换成低速挡，需将主轴高低速操纵手柄轻轻压下至位置"Ⅰ"即可。注意! 高低速转换时，转向将发生改变，所以要和主电机倒顺开关配合使用。

注意! 当主电机转动时，切勿搬动主轴高低速操纵手柄。

（4）主轴机动、手动位置操作手柄是用于接合或脱开进给蜗轮副。手柄处于"机动"位置时，进给蜗轮副结合。反之，将手柄拉出并转至"手动"位置，则蜗轮副脱开。

注意：当主轴转速超过2400r/min时。切勿使用机动进给，不需要机动进给时，随即脱开蜗轮副，以免不必要的磨损。

（5）主轴机动进给变速，可以任选三种进给量（0.047、0.09、0.148mm/r）。选用时，只需将进给控制手柄转到所需要的位置即可。

（6）预调加工尺寸。铣头上调节螺杆、螺母和套筒上撞块是用于预调加工尺寸的。操作前，通过把手将螺母上游标调至所需的刻度上，再拧紧固定螺钉，然后将主轴套筒行程控制手柄接合，轴上离合器啮合，主轴套筒向下，当撞块接触螺母，通过杠杆系统迫使离合器脱开，进给停止。

注意：安全离合器上弹簧的压力在出厂前已调好，一般在使用中不宜随便更动。如需调整，推荐以套筒向下最大压力882N为宜。

（7）当主轴无需移动时，利用套筒锁紧手柄将其锁紧。

（8）量表固定杆用于固定量表之用。

2. 摇臂位置的调整

欲调整摇臂前后位置，先松开床身转盘上的两个螺栓，即可将摇臂调到所需要的位置上锁紧。锁紧时先锁紧后部螺栓，再锁紧前部螺栓。

在重力切割时，铣头距转盘越近越好，以增加其刚性。

二、安全操作规程

（1）进入工场地必须穿戴工作服，操作时不准戴手套，女同学必须戴上工作帽。

（2）开车前，检查机床手柄位置及刀具装夹是否牢固可靠，刀具运动方向与工作台进给方向是否正确。

（3）将各注油孔注油，空转试车（冬季必须先开慢车）2min以上，查看油窗等各部位，并听声音是否正常。

（4）切削时先开车，如中途停车应先停止进给，后退刀再停车。

（5）集中精力，坚守岗位，离开时必须停车，机床不许超负荷工作。

（6）工作台上不准堆积过多的铁屑，工作台及道轨面上禁止摆放工具或其他物件，工具应放在指定位置。

（7）切削中，禁止用毛刷在与刀具转向相同的方向清理铁屑或加冷却液。

（8）机床变速、更换铣刀以及测量工件尺寸时，必须停车。

（9）严禁两个方向同时自动进给。

（10）铣刀距离工件10mm内，禁止快速进刀，不得连续点动快速进刀。

（11）通常不采用顺铣，而采用逆铣。若有必要采用顺铣，则应事先调整工作台的丝杆螺母间隙到合适程度方可铣削加工，否则将引起"扎刀"或打刀现象。

（12）在加工中，若采用自动进给，必须注意行程的极限位置；必须严密注意铣刀与工件夹具间的相对位置。以防发生过铣、撞铣夹具而损坏刀具和夹具。加工中，严禁将多余的工件、夹具、刀具、量具等摆在工作台上。以防碰撞、跌落，发生人身、设备事故。中途停车测量工件，不得用手强行刹住惯性转动着的铣刀主轴。铣后的工件取出后，应及时去毛刺，防止拉伤手指或划伤堆放的其他工件。

（13）发生事故时，应立即切断电源，保护现场，参加事故分析，承担事故应负的责任。

（14）机床在运行中不得擅离岗位或委托他人看管。不准闲谈、打闹和开玩笑。

（15）两人或多人共同操作一台机床时，必须严格分工分段操作，严禁同时操作一台机床。

（16）经常注意各部润滑情况，各运转的连接件，如有发现异常情况或异常声音应立即停车报告。

（17）工作结束后，将手柄摇到零位，关闭总电源开关，将工卡量具擦净放好，擦净机床，做到工作场地清洁整齐。收拾好所用的工、夹、量具，摆放于工具箱中，工件交检。

三、安全知识

在操作铣床作铣削加工时，必须严格遵守操作规程，同时还应熟悉以下安全知识。

1. 衣帽的穿戴

铣工往往由于不注意衣帽的穿戴而造成严重的人身事故。

（1）工作服要稍紧合身，无拖出的带子和衣角，袖口要扎好。

（2）女工一定要戴工作帽。

（3）工作时不准戴手套。

（4）铣铸铁工件时最好戴口罩。

2. 防止铣刀切伤手指

（1）在切削时，不要用手触摸和测量工件。

（2）在铣刀旋转时，切勿靠近铣刀清除切屑。

3. 防止切屑伤人

（1）铣钢料等韧性金属时，铣削出的切屑带有锋利的毛刺，在清除切屑时，不能用手直接去抓，而要用刷子清除。

（2）在高速切削时，切出的切屑温度很高，而且飞得很高、很远，不但会烫伤人，并且容易飞入眼中，造成严重的伤害。所以在高速切削时，操作者不能站在切屑飞出的方向，而且要戴上防护眼镜。在切屑飞出的一面，应放上一个挡屑罩，或者放一个挡屑屏。

4. 防止触电

（1）在没有了解铣床各种电气装置的使用方法以前，不准使用电器装置。

（2）铣床发生电气故障时，要立即切断电源并通知电工来修理，不准随便乱动。

（3）不能用扳手、金属棒等去拨动电钮或闸刀开关。

（4）不能在没有绝缘遮盖的导线附近工作。

（5）如发现有人触电时，应立即切断电源或用绝缘棒把触电者撬离电源。然后一方面通知医生救治，另一方面作适当护理。如发现触电者呼吸发生困难或停止呼吸时，应立即进行人工呼吸，直到送进医院医治。

四、铣床的保养

1. 铣床的维护保养

（1）铣床的日常维护保养。对于铣床的润滑系统，按机床说明要求，定期加油；机床起动前，应确保导轨面、工作台面、丝杠等滑动表面洁净并涂有润滑油；发现故障应立即停车，及时排除故障；合理使用铣床，熟悉铣床的最大负荷、极限尺寸、使用范围，不超负荷运转。

（2）铣床的一级保养。铣床在运转 500h 后，通常要进行一级保养。保养作业以操作人员为主，维修人员配合进行。一级保养需对机床进行局部解体和检查，清洗规定部位，疏通油路，更换油线油毡，调整设备各部位配合间隙，紧固设备的规定部位。

2. 铣床一级保养内容

铣床运转 500 h 左右，应由操作者负责进行一次一级保养，必要时可请维修工人配合指导。一级保养的内容包括以下几方面。

（1）铣床外部。要求把铣床外表、各罩盖内外擦净，不能有锈蚀和油污。对机床附件进行清洗，并涂上润滑油。清洗丝杠及滑动部分，并涂上润滑。

（2）铣床传动部分。去除导轨面上的毛刺，清洗塞铁并调整松紧。调整丝杠与螺母之间的间隙以及丝杠两端轴承的松紧。用 V 带传动的，也应清洁并调整其松紧。

（3）铣床冷却系统。清洗过滤网、切削液槽，调换不合要求的切削液。

（4）铣床润滑系统。要求油路畅通无阻，清洗油毛毡（不能留有铁屑），油窗要明亮。检查手动油泵的工作情况，检查油质是否良好。

（5）铣床电器部分。清扫电器箱，擦净电动机。检查电器装置是否牢固整齐，限位键等是否安全可靠。

任务 3　常用铣刀及装夹

任务目标：

（1）熟悉常用的两种铣刀。

（2）能装夹铣刀。

一、面铣刀与立铣刀的选择

铣刀为多齿回转刀具，其每一个刀齿都相当于一把车刀固定在铣刀的回转面上。铣削时同时参加切削的切削刃较长，且无空行程，V_c 也较高，所以生产率较高。铣刀种类很多，结构不一，应用范围很广，按其用途可分为加工平面用铣刀、加工沟槽用铣刀、加工成形面用铣刀等三大类。通用规格的铣刀已标准化，一般均由专业工具厂生产。现介绍几种常用铣刀的特点及其适用范围。

1. 面铣刀

面铣刀（图 3-3），主切削刃分布在圆柱或圆锥表面上，端面切削刃为副切削刃，铣刀的轴线垂直于被加工表面。按刀齿材料可分为高速钢和硬质合金两大类，多制成套式镶齿结构，刀体材料为 40Cr。

图 3-3　面铣刀

高速钢面铣刀按国家标准规定，直径 d=80 ～ 250mm，螺旋角 β=10°，刀齿数 Z=10 ～ 26。

硬质合金面铣刀与高速钢铣刀相比，铣削速度较高、加工表面质量也较好，并可加工带有硬皮和淬硬层的工件，故得到广泛应用。硬质合金面铣刀按刀片和刀齿的安装方式不同，可分为整体式、机夹－焊接式和可转位式三种。

面铣刀主要用在立式铣床或卧式铣床上加工台阶面和平面，特别适合较大平面的加工，主偏角为 90° 的面铣刀可铣底部较宽的台阶面。用面铣刀加工平面，同时参加切削的刀齿较多，又有副切削刃的修光作用，使加工表面粗糙度值小，因此可以用较大的切削用量，生产率较高，应用广泛。

2. 立铣刀

立铣刀（图 3-4）是数控铣削中最常用的一种铣刀，圆柱面上的切削刃是主切削刃，端面上分布着副切削刃，主切削刃一般为螺旋齿，这样可以增加切削平稳性，提高加工精度。由于普通立铣刀端面中心处无切削刃，所以立铣刀工作时不能作轴向进给，端面刃主要用来加工与侧面相垂直的底平面。

图 3-4　硬质合金立铣刀

为了改善切屑卷曲情况，增大容屑空间，防止切屑堵塞，刀齿数比较少，容屑槽圆弧半径则较大。一般粗齿立铣刀齿数 Z=3 ～ 4，细齿立铣刀齿数 Z=5 ～ 8，套式结构 Z=10 ～ 20，容屑槽圆弧半径 r=2 ～ 5mm。当立铣刀直径较大时，还可制成不等齿距结构，以增强抗振作用，使切削过程平稳。

标准立铣刀的螺旋角 β 为 40° ～ 45°（粗齿）和 30° ～ 35°（细齿），套式结构立铣刀的 β 为 15° ～ 25°。直径较小的立铣刀，一般制成带柄形式。$\phi2 ～ \phi71$mm 的立铣刀为直柄；$\phi6 ～ \phi63$mm 的立铣刀为莫氏锥柄；$\phi25 ～ \phi80$mm 的立铣刀为带有螺孔的 7 ：24 锥柄，螺孔用来拉紧刀具。直径大于 $\phi40 ～ \phi160$mm 的立铣刀可做成套式结构。

立铣刀主要用于加工凹槽、台阶面以及利用靠模加工成形面。另外有粗齿大螺旋角立铣刀、玉米铣刀、硬质合金波形刃立铣刀等，它们的直径较大，可以采用大的进给量，生产率很高。

二、铣刀的装夹

1. 带孔铣刀的装卸

圆柱形铣刀、三面刃铣刀、锯片铣刀等带孔的铣刀是借助铣刀杆安装在铣床主轴上的。铣刀杆的结构如图 3-5 所示。常用的规格有 22mm、27mm、32mm 三种。

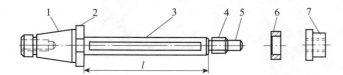

1—锥柄；2—凸缘；3—光轴；4—螺纹；5—轴颈；6—垫圈；7—紧刀螺母

图 3-5　铣刀杆

带孔铣刀的安装步骤如下。

（1）擦净铣刀杆、垫圈和铣刀，确定铣刀在铣刀杆上的轴向位置。

（2）将垫圈和铣刀装入铣刀杆，使铣刀在预定的位置上，然后旋入紧刀螺母，注意铣刀杆的支承轴颈与挂架轴承孔应有足够的配合长度。

（3）擦净挂架轴承孔和铣刀杆的支承轴颈，注入适量润滑油，调整挂架轴承，将挂架装在横梁导轨上，如图 3-6 所示。适当调整挂架轴承孔与铣刀杆支承轴颈的间隙，然后紧固挂架，如图 3-7 所示。

（4）旋紧铣刀杆紧刀螺母，通过垫圈将铣刀夹紧在铣刀杆上。如图 3-8 所示。

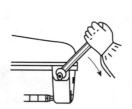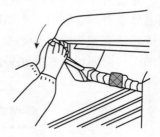

图 3-6　安装挂架　　　　　　图 3-7　紧固挂架　　　　　　图 3-8　紧固铣刀

铣刀和铣刀杆的拆卸步骤如下。

（1）将铣床主轴转速调到最低，或将主轴锁紧。反向旋转铣刀杆紧刀螺母，松开铣刀。调节挂架轴承，然后松开并取下挂架。旋下铣刀杆紧刀螺母，取下垫圈和铣刀。

（2）松开拉紧螺杆的背紧螺母，然后用锤子轻轻敲击拉紧螺杆端部，使铣刀杆锥柄在主轴孔中松动，右手握铣刀杆，左手旋出拉紧螺杆，取下铣刀杆。

（3）铣刀杆取下后，洗净、涂油，然后垂直放置在专用的支架上，以免弯曲变形。

2. 带柄铣刀的装卸

立铣刀、T 形槽铣刀、键槽铣刀等有锥柄和直柄两种。

1）锥柄铣刀的装卸

锥柄铣刀有锥柄立铣刀、锥柄 T 形槽铣刀、锥柄键槽铣刀等，其柄部一般采用莫氏锥度，有莫氏 1 号、2 号、3 号、4 号、5 号共 5 种，按铣刀直径的大小不同，制成不同号数的锥柄。

锥柄铣刀的安装：当铣刀柄部的锥度和主轴锥孔锥度相同时，擦净主轴锥孔和铣刀锥柄，垫棉纱并用左手握住铣刀，将铣刀锥柄穿入主轴锥孔，然后用拉紧螺杆扳手旋紧拉紧螺杆，紧固铣刀，如图 3-9 所示。

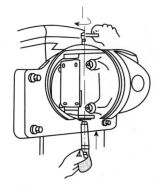

图 3-9　锥柄铣刀的安装

锥柄铣刀的拆卸步骤：先将主轴转速调到最低或将主轴锁紧，然后用拉紧螺杆扳手旋松拉紧螺杆，当螺杆上台阶端面上升到贴平主轴端部背帽的下端平面后，拉紧螺杆将铣刀向下推动，松开锥面的配合，用左手承托铣刀，或在铣刀掉下的床身上垫块木板，继续旋转拉紧螺杆直至取下铣刀，如图 3-10 所示。

2）直柄铣刀的安装

直柄铣刀一般通过钻夹头或弹簧夹头安装在主轴锥孔内，如图 3-11 所示。

3. 铣刀安装后的检查

铣刀安装后，应做以下几方面的检查。

（1）检查铣刀装夹是否牢固可靠。

（2）检查挂架轴承孔与铣刀杆支承轴颈的配合间隙是否合适，一般情况下以挂架轴承不发热为宜。

（3）检查铣刀旋转方向是否正确。

（4）检查铣刀刀齿的径向圆跳动和端面圆跳动是否符合加工要求。

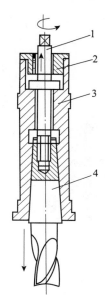

1—拉紧螺杆；2—背帽；3—主轴；4—铣刀

图 3-10　锥柄铣刀的拆卸

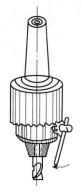

图 3-11　通过钻夹头安装

项目三　铣削技能训练

任务 1　六面体的铣削

任务目标：

（1）能铣削平面。
（2）能根据图纸铣削六面体。

一、零件图

如图 3-12 所示垫铁为六面体零件。

（a）六面体 3D 图

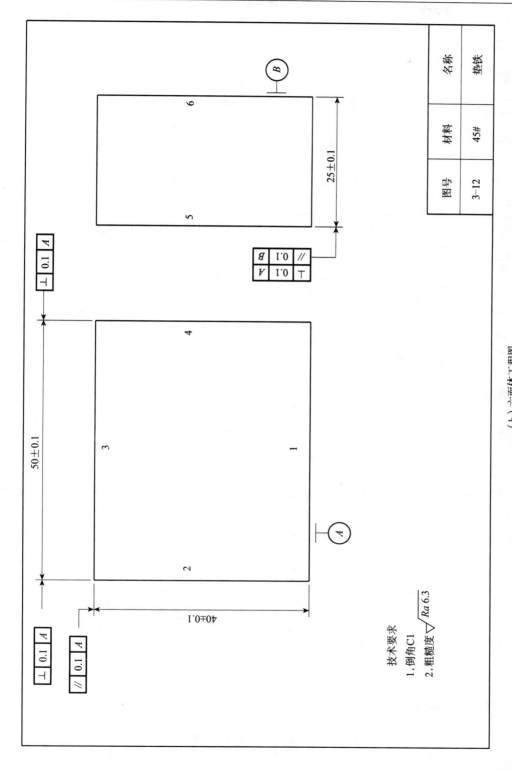

（b）六面体工程图

图 3-12　六面体（垫铁）

二、工艺分析

机械加工工艺过程卡片见表 3-2。

表 3-2　机械加工工艺过程卡

机加工实训基地	工艺过程卡片	工艺过程卡片	产品型号		零件图号	3-12	
机加工实训基地	工艺过程卡片	工艺过程卡片	产品名称	垫铁	零件名称	六面体	共　页　第　页
材料牌号		毛坯种类	45#	毛坯外形尺寸	$\phi 50 \times 110$	毛坯件数	1	每台件数	2

工序号	工序名称	工序内容	工段	设备	工时		备注
					准终	单件	
1	下料	$50 \times 60 \times 30$ 毛坯		锯			
2	铣削	六面铣：加工 1、2、3、4、5、6 六面		X6032			
3	热处理	淬火					
4	磨削	磨削工件 1、2、3、4、5、6 六面，尺寸公差 0.01mm，垂直度、平行度达到 0.02mm		M7130G/F			
5	检验	检测和质量分析					
6	入库						

签字	日期标记	处数	更改文件号	设计（日期）	校对（日期）	审核（日期）	标准化（日期）	会签（日期）

三、工件装夹

结合上述相关知识根据零件加工要求，选用 X5030 立式铣床来加工此种零件，由图纸可以看出其零件精度要求有三个：一是保证其各边的尺寸，二是保证相邻面的垂直度，三是保证对应面的平行度，故用普通的机用平口钳装夹就能够满足要求，如图 3-13 所示。

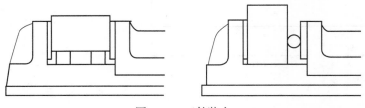

图 3-13　工件装夹

四、刀具、量具选择（表 3-3）

表 3-3　工、量、刃、具准备清单

河南机电职业学院	工量刃具准备清单	产品名称		产品型号	
河南机电职业学院	工量刃具准备清单	零件名称	轴套	零件编号	
时间		件数		图纸编号	
材料		下料尺寸		指导教师	

类别	序号	名称	规格或型号	精度	数量
量具	1	游标卡尺	0～150mm	0.02	1
	2	千分尺	0～25mm/25～50mm	0.01	1
	3	刀口尺			
刃具	1	盘铣刀			1
	2	倒角刀	45°		1
	3	锉刀			1

（1）刀口直尺。根据零件各加工面的相关要求，作为平面必须保证其平面度要求，在对平面度进行检测过程中，通常采用刀口直尺与塞尺配合检测，避免工件表面凹凸不平，达不到图样要求，刀口直尺如图 3-14 所示。

（2）90° 刀口角尺。其相对于平面质量的检测作用，功能与刀口直尺相同。但由于刀口直尺尺尖容易碰碎，操作过程进行测量容易受到损坏，故在加工过程中通常以 90° 刀口角尺来替代刀口直尺。其还可以检测两面的垂直度，同样与塞尺配合使用。先紧贴一面，然后用目测另一边与相邻面的缝隙，再用塞尺测出垂直度，90° 刀口角尺如图 3-15 所示。

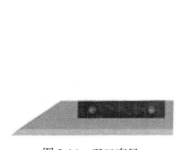

图 3-14　刀口直尺　　　　　　　　图 3-15　90° 刀口角尺

（3）游标卡尺。用于检测零件外轮廓尺寸或者检测内孔直径，还能检测孔的深度。

五、加工注意事项

（1）铣削六面体时，每当加工一个面后必须把毛边用锉刀或油石打干净后，再加工下一个面。

（2）在加工过程中，要多次测量工件，保证该工件尺寸要求。

（3）在加工过程中要注意做好眼睛等保护工作。

（4）若刀具磨损后立即研磨修整或更换新刀具。

六、六面体铣削工序卡片的制定

六面体铣削工序卡片见表 3-4。

七、检测

（1）用游标卡尺检测正六面体的各边尺寸，看是否达到图样要求。

（2）用目测法使用刀口尺检测各个面的平面度和表面粗糙度。看是否达到 Ra3.2。

（3）用塞尺和角尺配合对工件的形状精度进行检测，检测其垂直度是否达到图样要求。

表 3-4　铣削加工工序卡片

铣削工序卡片			产品代号	3-12	零部件名称	垫铁	零部件代号名称		工序号	2
	设备	名称	铣床		名称	机用虎钳			工序名称	铣工
		型号	X5032	夹具	代号					
材料	工步内容	刀具				辅具 名称及规格	量具 名称及规格			
45#		名称及规格	主轴转数 n	进给速度 f	切削深度 t					
1	装夹零件，零件加工部分要高出钳口									
2	加工1、2两面，保证垂直度 0.10 mm	盘铣刀	300r/min	手动	粗加工	刀口直角尺、塞尺	游标卡尺 0～150mm			
3	加工3、4面，保证平行度 0.10mm									
4	保证 40mm±0.1mm，50mm±0.1mm，留 0.3～0.5mm 磨削余量		360r/min	手动	粗加工	刀口直角尺、塞尺	千分尺 25～50mm			
5	加工5面，保证与1、2、3、4面垂直度 0.10mm		300r/min		粗加工					
6	加工6面，保证与5面平行度 0.10mm 保证 30mm±0.1mm，留 0.3～0.5mm 磨削余量				粗加工					
7	倒钝和去毛刺									
8	检验		360r/min	手动	精加工	锉刀				
			日期						共5页	
更改									第4页	
标记	处数									
	标记	处数	日期							

任务 2　轴上键槽的铣削

任务目标：

能根据图纸铣削键槽。

一、零件图

如图 3-16 所示，传动轴为带键槽的阶梯轴。

（a）传动轴 3D 图

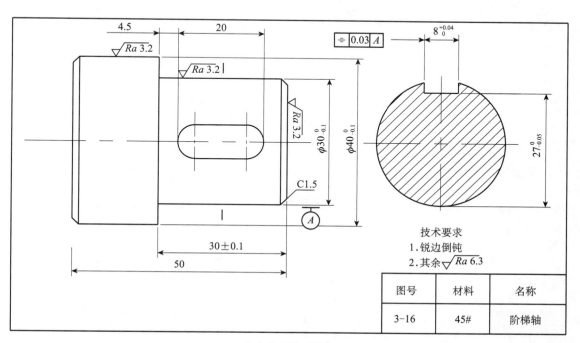

（b）传动轴工程图

图 3-16　传动轴

二、轴上键槽的作用

键连接是通过键将轴与轴上零件（如齿轮、带轮、凸轮等）连接在一起，实现周向固定，并传递转矩的连接，如图 3-17（a）所示。

键连接属于可拆卸连接，具有结构简单、工作可靠、装拆方便和已经标准化等特点，故得到广泛的应用。键连接中使用最普遍的是平键连接。平键是标准件，它的两侧面是工作面，用以传递转矩。轴上的键槽俗称轴槽，轴上零件（即套类零件）的键槽俗称轮毂槽。轴槽与轮毂槽都是直角沟槽。轴槽多用铣削的方法加工。

三、工艺分析

1. 键槽的技术要求

轴槽的两侧面在连接中起周向定位和传递转矩的作用，是主要工作面，因此，轴槽宽度的尺寸精度要求较高（IT9 级），轴槽两侧面的表面粗糙度值较小（$Ra1.6 \sim 3.2\mu m$），轴槽两侧面关于轴的轴线对称度要求也较高。其他如轴槽的深度、长度尺寸精度要求较低，槽底面的表面粗糙度值较大。轴上键槽有通槽、半通槽（也称半封闭槽）和封闭槽三种，如图 3-17 所示。轴上的通槽和槽底一端是圆弧形的半通槽，一般选用盘形槽铣刀铣削，轴槽的宽度由铣刀宽度保证，半通槽一端的槽底圆弧半径由铣刀半径保证。轴上的封闭槽和槽底一端是直角的半通槽，用键槽铣刀铣削，并按轴槽的宽度尺寸来确定槽铣刀的直径。

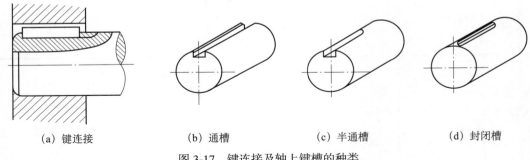

(a) 键连接　　　　(b) 通槽　　　　(c) 半通槽　　　　(d) 封闭槽

图 3-17　键连接及轴上键槽的种类

2. 制定机械加工工艺过程卡片

传动轴机械加工工艺过程卡片见表 3-5。

表 3-5　机械加工工艺过程卡

机加工实训基地		工艺过程卡片		产品型号		零件图号	3-16		
				产品名称	传动轴	零件名称		共　页	第　页
材料牌号	45#	毛坯种类		毛坯外形尺寸		毛坯件数		每台件数	
工序号	工序名称	工序内容			工段	设备	工时		备注
							准终	单件	
1	下料	$\phi 50 \times 300$				锯床			

续表

工序号	工序名称	工序内容	工段	设备	工时		备注
					准终	单件	
2	车	车阶梯轴		6136B-1			
3	铣	铣键槽		X5032			
4	热处理	调质					
5	检验						
6	入库						
7							
签字	日期标记	处数	更改文件号	设计（日期）	校对（日期）	审核（日期）	标准化（日期）	会签（日期）

四、工件的装夹

轴类工件的装夹，不但要保证工件的稳定可靠，还需保证工件的轴线位置不变，以保证轴槽的中心平面通过轴线。

用平口钳装夹工件，如图 3-18 所示，简便、稳固，但当工件直径有变化时，工件的轴线位置在左右（水平位置）和上下方向都会发生变动，在采用定距切削时，会影响轴槽的深度和对称度。

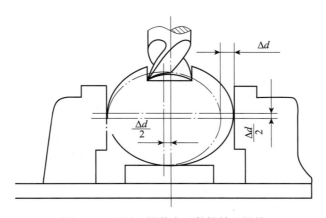

图 3-18　用平口钳装夹工件铣轴上键槽

因此，一般适用于单件生产。对轴的外圆已经精加工的工件，由于一批轴的直径变化很小，用平口钳装夹时，各轴的轴线位置变动很小，在此条件下，可适用于成批生产。

五、刀具、量具选择（表 3-6）

表 3-6　工、量、刃、具准备清单

河南机电职业学院	工量刃具准备清单	产品名称		产品型号	
		零件名称	轴套	零件编号	
时间		件数		图纸编号	
材料		下料尺寸		指导教师	
类别	序号	名称	规格或型号	精度	数量
量具	1	游标卡尺	0～150mm	0.02	1
	2	内径千分尺	5～25mm/25～50mm	0.01	1
	3	百分表 0～5mm	0～5mm	0.01	1
刃具	1	键槽铣刀			1
	2	锉刀			1
	3				1

六、制定铣削工序卡片

键槽铣削工序卡片见表 3-7。

七、轴上键槽铣削的质量分析

如图 3-19 所示，用千分尺检测轴上键槽的深度，用塞规检测轴上键槽的宽度。

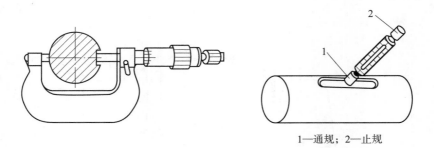

1—通规；2—止规

图 3-19　轴上键槽的检测

1. 影响轴槽宽度尺寸的因素

（1）铣刀的宽度或直径尺寸不合适，未经过试铣检查就直接铣削工件，造成轴槽宽度尺寸不合适。

（2）铣刀有摆差，用键槽铣刀铣轴槽，铣刀径向圆跳动太大。

（3）用盘形槽铣刀铣轴槽，铣刀端面圆跳动太大，导致将轴槽铣宽。

表 3-7　铣削加工工序卡

工卡卡片		产品代号	零部件名称	零部件代号名称	工序号	2
设备	名称 铣床		传动轴		工序名称	铣工
	型号 X5032					
夹具	名称 机用平口虎钳					
	代号					

序号	工步内容	刀具 名称及规格	主轴转数 n	进给速度 f	切削深度 t	辅具 名称及规格	量具 名称及规格
1	装夹机用虎钳要求钳口直线度误差 0.01～0.02mm					铜皮厚度 0.1mm	磁力百分表（0～5mm）
2	装夹工作要求平行度误差 0.05～0.1mm					可调整垫铁	磁力百分表（0～5mm）
3	对刀找正轴中心，确定键槽在轴上位置	键槽铣刀	320r/min	手动	0.3～0.5mm		游标卡尺（0～150mm）
3	粗铣键槽深度 2mm，宽 7mm，长 18mm，保证尺寸	键槽铣刀	320r/min	手动	0.3～0.5mm		平分尺（5～25mm）
4	精铣键槽深度 3mm，宽 8mm，长 20mm，保证尺寸以及粗糙度 1.6	键槽铣刀	320r/min	手动	0.3～0.5mm		
5	倒角，去毛刺	锉刀					油石和锉刀
6	检验						

更改			日期				
标记	处数		标记	处数	日期		

材料 钢45

共 5 页　　第 4 页

（4）铣削时，吃刀深度过大，进给量过大，产生"让刀"现象，将轴槽铣宽。

2. 影响轴槽两侧面对工件轴线对称度的因素

（1）铣刀对中心不准。

（2）铣削中，铣刀的偏让量太大。成批生产时，工件外圆尺寸公差太大。

（3）用扩刀法铣削时，轴槽两侧扩铣余量不一致。

3. 影响轴槽两侧面与工件轴线平行度的因素（图 3-20）

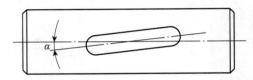

图 3-20　轴槽两侧面与工件轴线不平行

（1）工件外圆直径不一致，有大小头。

（2）用平口钳或 V 形垫铁装夹工件时，固定钳口或 V 形垫铁没有校正好。

4. 影响轴槽槽底面与工件轴线平行度的因素（图 3-21）

（1）工件装夹时，上素线未校正水平。

（2）选用的平行垫铁平行度差，或选用的成组 V 形垫铁不等高。

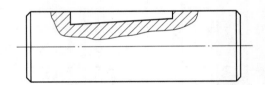

图 3-21　槽底面与工件轴线不平行

模块 ④ 钳工技能训练

项目一 初级钳工国家职业标准

初级钳工国家职业标准如表 4-1 所示。

表 4-1 初级钳工国家职业标准

职业功能	工作内容		技能要求	相关知识
一、工艺准备	（一）读图		1. 能够读懂轴承座、端盖、手轮、套等一般零件图 ww 2. 能够读懂车床的尾座、台虎钳等一般部件的装配图和简单机械的装配图	1. 零件图中各种符号的含义 2. 零件在装配图中的表示方法
	（二）编制加工、装配工艺		能够读懂简单零件的加工工艺	1. 相关职业（如车、铣、刨、磨）一般工艺知识 2. 金属毛坯制造的基本知识（如铸造、锻造）
二、加工与装配	（一）划线		能够进行一般零件的平面划线和简单的立体划线	1. 划线工具的使用及保养方法 2. 划线中涂料的种类、配制方法及应用场合 3. 划线基准的选择原则
	（二）钻、铰孔及攻螺纹		1. 能够在同一平面上钻铰 2～3 个孔，并达到以下要求：公差等级 IT8，位置度公差 ϕ0.2mm，表面粗糙度 Ra 1.6μm 2. 能够攻 M20 以下的螺纹，没有明显的倾斜 3. 能够刃磨标准麻花钻头	1. 螺纹的种类、用途及各部分尺寸之间的关系 2. 常用切削液的种类、选择方法及对工件质量的影响 3. 快换夹头的构造及使用方法 4. 钻头的常用角度
	（三）刮削与研磨		1. 能够刮削 750mm×1500mm 的平板达 2 级（不少于 12 点） 2. 能够研磨 100mm×100mm 的平面，并达到以下要求：表面粗糙度 Ra 0.4μm，平面度 0.02mm	1. 刮削原始平板的原理和方法 2. 研磨磨料的选择和研磨的基本方法
	（四）装配与调整		能够进行普通车床尾座、台虎钳等简单部件装配或简单机械设备的总装配，并达到技术要求	1. 装配的基础知识 2. 常用起重设备及安全操作规程 3. 钳工常用设备、工具和量具的使用与维护保养方法 4. 铆接、锡焊、粘接、校正与弯形方法 5. 弹簧知识
三、精度检验	（一）钻、铰孔及攻螺纹的检验		能够合理选择、正确使用游标卡尺、内径百分表等常用量具检验钻、铰孔及攻螺纹的质量	常用量具的结构和使用方法
	（二）装配质量检验	外观检验	能够进行以下项目的检验：油路畅通、无渗漏；机件完整，连接及紧固可靠；表面涂装质量	1. 密封与防漏的基本知识 2. 表面处理及油漆的基本知识
		性能及精度检验	1. 能够进行简单机械设备空转试验操作，并检验设备运行有无异常噪声、过热等现象 2. 简单机械的精度检验	1. 设备的操作规程 2. 简单机械设备精度的检验方法 3. 设备空运转试验要求
四、设备维护	常用设备的维护保养		能够正确使用和维护保养立钻、台钻、摇臂钻等钳工常用设备	立钻、台钻、摇臂钻等设备的安全操作规程及维护保养方法

项目二　钳工加工基础

任务 1　划线

任务目标：

（1）熟悉常用的划线工具。

（2）学会使用划线工具能够进行一般零件的平面划线和简单的立体划线。

划线是指在毛坯或工件上，用划线工具划出待加工部位的轮廓线或作为基准的点、线。划线是加工前的基础工作，通过划线的准确定位，才能保证加工无误。

一、划线概述

划线是钳工的一种基本操作，是零件成形加工前的一道重要工序。只需在工件的一个表面上划线后即能明确表示加工界线的划线方法称为平面划线，如图 4-1（a）所示。在工件的几个表面上划线的方法称为立体划线，如图 4-1（b）所示。

1. 划线的作用

（1）确定工件上的加工余量，使机械加工时有明确的尺寸界线。

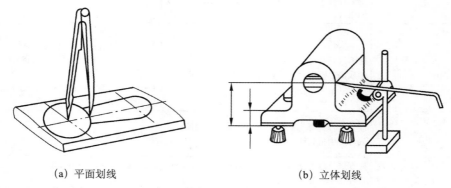

（a）平面划线　　　　　　　　　　　　（b）立体划线

图 4-1　划线

（2）便于复杂工件在机床上装夹，可以按划线找正定位。

（3）能够及时发现和处理不合格的毛坯，避免加工后造成损失。

（4）采用借料划线可以使误差不大的毛坯得到补救，使加工后的零件仍能符合要求。

划线是机械加工的重要工序之一，广泛应用于单件、小批量生产。

2. 划线的要求

划线除要求划出的线条清晰均匀外，最重要的是保证尺寸准确。在立体划线中，还应注意使长、宽、高 3 个方向的线条互相垂直。一般的划线精度能达到 0.25 ~ 0.5mm。

　　3. 划线基准的选择

　　1）基准的概念

　　（1）基准是指用来确定其他点、线、面位置的点、线、面。

　　（2）设计基准是指在零件图上用来确定其他点、线、面位置的基准。

　　（3）划线基准是指在划线时选择工件上的某个点、线、面作为依据，用它来确定工件的各部分尺寸、几何形状及工件上各要素的相对位置。

　　2）划线基准的选择

　　（1）划线基准的选择原则。

　　① 划线基准应尽量与设计基准重合。

　　② 形状对称的工件，应以对称中心线为基准。

　　③ 有孔的工件，应以主要的孔的中心线为基准。

　　④ 在未加工的毛坯上划线，应以主要不加工表面为基准。

　　⑤ 在加工过的表面上划线，应以加工过的表面为基准。

　　划线时，在零件的每一个方向都需要选择一个基准，因此，平面划线时一般要选择两个划线基准，立体划线时一般需要在长、宽、高 3 个方向选择划线基准。

　　（2）划线基准的类型。

　　平面划线基准的类型如图 4-2 所示，可分为以下几种。

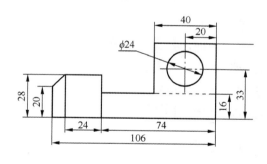

(a)

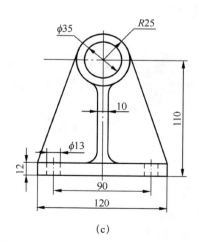

(b)　　　　　　　　　　　　　　　(c)

图 4-2　划线基准的类型

　　① 以两个互相垂直的平面（或线）为基准，如图 4-2（a）所示。

② 以两条中心线为基准，如图 4-2（b）所示。

③ 以一个平面和一条中心线为基准，如图 4-2（c）所示。

4. 常用划线工具

1）钢直尺

钢直尺是一种简单的长度量具，在尺面上刻有尺寸刻线，最小刻线距为 0.5mm，它的长度规格有 150、300 和 1000mm 等多种。

钢直尺用于测量零件的长度尺寸，它的测量结果不太准确。这是由于钢直尺的刻线间距为 1mm，而刻线本身的宽度就有 0.1～0.2mm，所以测量时读数误差比较大，只能读出毫米数，即它的最小读数值为 1mm，比 1mm 小的数值，只能估计而得可以用来量取长度，也可作为划直线时起导向作用的导向工具，其作用如图 4-3 所示。

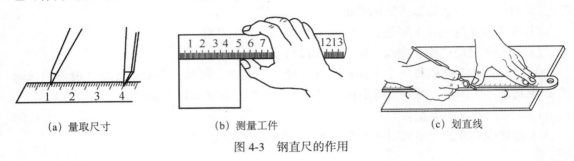

(a) 量取尺寸　　　　(b) 测量工件　　　　(c) 划直线

图 4-3　钢直尺的作用

2）划线平板

划线平板由铸铁制成，工作表面经过精刨或刮削加工，作为划线时的基准平面。划线平板放置时应使平板表面处于水平状态，如图 4-4 所示。

使用时的注意事项：平板工作表面应经常保持清洁，工件和工具在平板上都要轻拿轻放，不可损伤其工作表面，用后要擦拭干净，并涂机油防锈。

3）划针

划针用来在工件上划线条，划针由弹簧钢或高速钢制成，直径一般为 3～5mm，尖端磨成 15°～20° 的尖角，并经热处理淬火使之硬化，如图 4-5 所示。

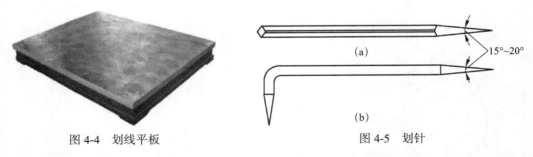

图 4-4　划线平板　　　　　　　　　图 4-5　划针

使用时的注意事项：在用钢直尺和划针连接两点的直线时，应先用划针和钢直尺定好其中一点的划线位置，然后调整钢直尺与另一点的划线位置对准，再划出两点的连接直线。划针的使用方法如图 4-6 所示，划线的时候，针尖要紧靠在导向工具的边缘，上部向外侧倾斜 15°～20°，向划线移动方向倾斜 45°～75°，针尖要保持尖锐，划线要尽量一次划成，才能使划出的线条清晰准确。不用时，划针不能插在衣袋中，最好套上塑料管不使针尖外露。

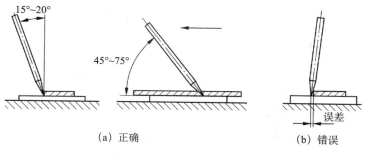

（a）正确   （b）错误

图 4-6 划针的使用示意图

4）游标高度尺

游标高度尺附有划针脚，能直接表示出高度尺寸，它是精密划线工具，其刻线原理和读数方法与游标卡尺一样，其读数精度一般为 0.02mm、0.05mm 和 0.10mm，不允许在毛坯上划线，如图 4-7 所示。

5）划规

划规可用来划圆和圆弧、等分线段、等分角度以及量取尺寸等，如图 4-8 所示。

使用前应将其脚尖磨锋利；除长划规外应使划规的两脚长短一致，两脚尖能合紧划弧时重心放在圆心的一脚；两脚尖应在同一平面内。

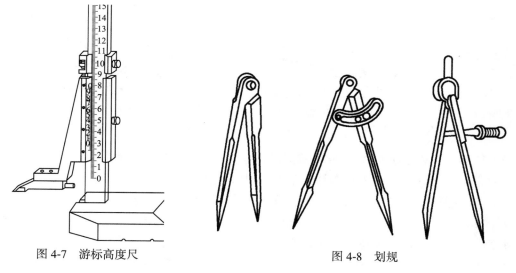

图 4-7 游标高度尺   图 4-8 划规

6）样冲

样冲（图 4-9）用于在工件所划的加工线条上打样冲眼（冲点），用样冲眼作为加强界限标志和划圆弧或钻孔时的定位中心。样冲一般由工具钢制成，尖端处淬硬，尖端角一般磨成 45°～60°。

图 4-9 样冲

样冲的使用方法如图 4-10 所示，冲点时应先将样冲外倾，使其尖端对准线的正中（图

4-10（a）），然后再将样冲立直冲点（图 4-10（b））。

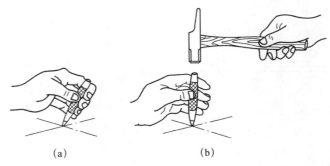

图 4-10　样冲的使用示意图

　　冲点时，冲点位置应准确，冲点不可偏离线条，在曲线上冲点距离要小些，在直线上冲点距离可大些，但短直线至少应有 3 个冲点，在线条的交叉转折处冲点的深浅必须要掌握适当，在薄壁上或光滑表面上冲点要浅些，在粗糙表面上要深些。

　　7）支持工件的工具

　　（1）垫铁。垫铁是用来支撑、垫平和升高毛坯工件的工具。常用的有平垫铁和斜垫铁两种，如图 4-11 所示。斜垫铁可对工件的高低作少量的调节。

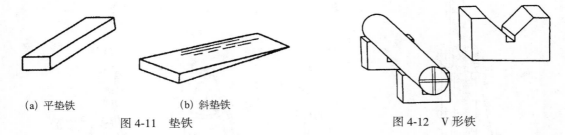

(a) 平垫铁　　　　　　　　　(b) 斜垫铁
图 4-11　垫铁　　　　　　　　　　　　　　　图 4-12　V 形铁

　　（2）V 形铁。V 形铁通常是两个一起使用，在划线中用以支撑轴件、筒形件或圆盘类工件，如图 4-12 所示，用来安放圆柱形工件，划出中线，找出中心等。

　　（3）90° 角铁。90° 角铁可将工件夹在角铁的垂直面上进行划线。

　　（4）方箱。形状多呈空心矩形体，如图 4-13 所示的划线方槽，上面配有立柱和螺杆，结合纵横两条 V 形槽用于夹持轴类或其他形状的工件进行划线。

　　（5）千斤顶。千斤顶有尖头（图 4-14）、平头、带 V 形槽等几种形式。划线时一般 3 个为一组，将它放在工件的下面作为支撑，调整它的高低，可将工件调成水平或者倾斜位置，直到达到划线要求。千斤顶一般用以支撑不规则或者异形一类工件，非常方便。

图 4-13　方箱

图 4-14　尖头千斤顶

5.常用划线涂料的种类及选用

常用的划线涂料有石灰水、蓝油和硫酸铜溶液。石灰水用于铸、锻件粗糙的毛坯表面；蓝油用于已加工表面；硫酸铜溶液用于形状复杂的工件或已加工表面。

二、多边形的划线

常用等分圆周的方法有：按同一弦长法等分圆周、按不等弦长法等分圆周以及用分度头等分圆周，这里只简单介绍用同一弦长法和分度头等分圆周。

1.按同一弦长法等分圆周

利用划规（或圆规）量取每一等份所对应的弦长对圆周进行等分划线的方法称为按同一弦长法等分圆周，如图 4-15 所示。用圆规（或划规）量取尺寸，可以直接在圆周上进行等分划线了。

按同一弦长法等分圆周划线时注意，由于圆规（或划规）在量取尺寸时不可避免地会产生误差，再加上在划等分弧线时，每一次变动圆规（或划规）脚的位置也会产生一定的误差，往往很难比较准确地划出所需要的精确的等分圆弧段。随着等分数的增多，划线时所产生的累积误差也就越大。所以，在采用同一弦长法等分圆周时，应在每一次等分圆周后重新调整圆规（或划规）的两脚尺寸，再进行圆周等分，直到能获得准确的圆周等分。

2.用分度头等分圆周

分度头是铣床上用来进行等分圆周的附件，钳工在划线时常常用分度头对圆周工件进行分度和划线，分度头的外形如图 4-16 所示。

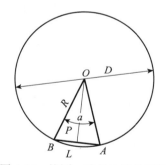

图 4-15　按同一弦长法等分圆周

图 4-16　分度头外形

在分度头的主轴上装有一个三爪自定心卡盘，在划线时，可以把分度头放在划线平板上，利用三爪自定心卡盘将工件牢牢地装夹住。同时配合划线盘或游标高度尺，即可对工件进行分度划线。利用分度头可以在工件上划出水平线、垂直线、倾斜线以及圆的等分线和不等分线。

分度头的主要规格是以顶尖（主轴）中心线到底面的高度（mm）来表示的。一般常用的规格主要有 100、125、160mm 等几种。

分度头的传动原理如图 4-17 所示。蜗轮的齿数为 40，与单头蜗杆相啮合。B_1、B_2 是齿数相同的两个直齿圆柱齿轮。工件通过三爪自定心卡盘装夹在装有蜗轮的主轴上，当拔出手柄插销，转动分度手柄绕分度头心轴旋转 1 周时，通过直齿圆柱齿轮 B_1、B_2 即可带动蜗杆旋转 1 周，从而带动蜗轮转动 1/40 周，即工件也转动 1/40 周。分度盘与套筒和圆锥齿 A_2 轮相连，空套在心轴上。分度盘上有几圈不同数目的等分小孔，利用这些小孔，根据计算所得的参数，选择合适的等分数的小孔，将手柄依次转过一定的转数或孔数，使工件转过相应的角度，就可以对工件进行分度和划线了，分度盘的孔数如表4-2所示。

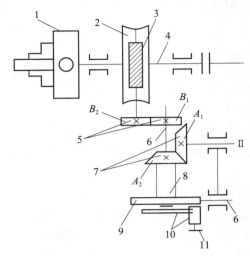

1—三爪自定心卡盘；2—蜗轮；3—蜗杆；4—主轴；5—直齿圆柱齿轮；
6—心轴；7—直齿圆锥齿轮；8—套筒；9—分度盘；l0—手柄；11—手柄插销

图4-17　分度头的传动原理

表4-2　分度盘的孔数

分度头形式	分度盘的孔数
带一块分度盘	正面：24，25，28，30，34，37，38，39，41，42，43
	反面：46，47，49，51，53，54，57，58，59，62，66
带两块分度盘	第一块正面：24，25，28，30，34，37
	反面：38，39，41，42，43
	第二块正面：46，47，49，51，53，54
	反面：57，58，59，62，66

任务2　锯　　削

任务目标：

（1）能正确安装和调整锯条的松紧程度。

（2）正确掌握起锯和锯削技能。

（3）了解锯削的安全注意事项。

用手锯来分割金属或非金属材料和在工件上锯出沟槽的操作称为锯削。

其工作范围：分割各种材料或半成品；锯掉工件上的多余部分；在工件上锯槽。

一、锯削工具

1. 锯弓的构造与种类

锯削的常用工具是手锯，由锯弓、锯条、固定部分、可调部分、固定拉杆、销子、活

动拉杆、蝶形螺母组成，如图 4-18 所示。锯弓的种类可分为固定式和可调式两种，图 4-18
为常用的可调式锯弓。固定式锯弓的弓架是整体的，只能装一种长度规格的锯条。可调式
锯弓的弓架分成前后前段，由于前段在后段套内可以伸宿，因此可以安装几种长度规格的
锯条，故目前广泛使用的是可调式。

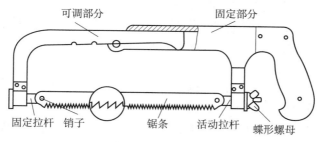

图 4-18　可调式锯弓

2. 锯条的材料、规格、锯齿排列及种类

锯条采用碳素工具钢（如 T10 或 T12）或合金工具钢，经制齿、淬火和低温回火而制
成，锯齿硬而脆。锯条两端安装孔之间的距离（长度有 150 ～ 400mm）表示。常用的锯条
是长 300mm、宽 12mm、厚 0.8mm。

锯条的切削部分由许多锯齿组成，每个齿相当于一把錾子起切割作用。常用锯条的前
角 γ 为 0°、后角 α 为 45° ～ 50°、楔角 β 为 45° ～ 50°，如图 4-19 所示。

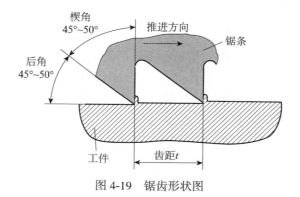

图 4-19　锯齿形状图

锯齿的粗细按锯条上每 25mm 长度内的齿数划分为粗齿、中齿和细齿。14 ～ 18 齿为
粗齿，24 齿为中齿，32 齿为细齿。锯齿的粗细按齿距 t 的大小可分为粗齿（t=1.6mm）、中
齿（t=1.2mm）及细齿（t=0.8mm）三种。

锯条的锯齿按一定形状左右错开，排列成一定形状称为锯路。锯路有交叉、波浪等不
同排列形状。锯路的作用是使工件上锯缝宽度大于锯条背部的厚度，防止锯割时锯条卡在
锯缝中，并减少锯条与锯缝的摩擦阻力，使排屑顺利，锯割省力。

二、锯条的选用与安装

1. 锯条的选择

锯条粗细的选择锯条的粗、细应根据加工材料的硬度和厚、薄来选择。

（1）锯割软的材料（如铜、铝合金等）或厚材料时，应选用粗齿锯条，因为锯屑较多，要求较大的容屑空间。

（2）锯割硬材料（如合金钢等）或薄板、薄管时、应选用细齿锯条，因为材料硬，锯齿不易切入，锯屑量少，不需要大的容屑空间。锯割中等硬度材料（如普通钢、铸铁等）和中等硬度的工件时，一般选用中齿锯条。

（3）锯薄材料时，锯齿易被工件勾住而崩断，需要同时工作的齿数多，使锯齿承受的力量减少。锯削薄材料时至少要保证 2～3 个锯齿同时工作。

2. 锯条的安装

手锯是向前推时进行切割，在向后返回时不起切削作用，因此安装锯条时应锯齿向前，绝不能将锯齿装反，如图 4-20 所示。

锯条的松紧要适当，太紧失去了应有的弹性，锯条容易崩断；太松会使锯条扭曲，锯缝歪斜，锯条也容易崩断。

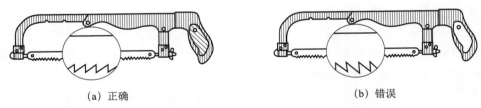

(a) 正确　　　　　　　　　　　　(b) 错误

图 4-20　锯条的安装

三、锯削加工的步骤和方法

虽然当前各种自动化、机械化的切削设备已广泛地使用，但锯削还是常见的。它具有方便、简单和灵活的特点。在单件小批生产、在临时工地以及锯削异形工件、开槽、修整等场合应用很广泛。因此，手工锯削操作是钳工需要掌握的基本功之一。

锯削加工的步骤和方法，如表 4-3 所示。

表 4-3　锯削加工的步骤和方法

步骤	项目	锯削示意图	锯削的方法
1	工件的夹持		工件的夹持要牢固，不可有抖动，以防锯割时工件移动而使锯条折断。同时也要防止夹坏已加工表面或工件变形。工件尽可能夹持在台虎钳的左面，以便于操作；锯割线应与钳口垂直，以防锯斜；锯割线离钳口不应太远，以防锯割时产生抖动
2	锯削时的握锯		右手握紧手柄，左手轻扶锯弓前端、锯割时右手主要起控制锯弓运动的作用，左手配合右手扶稳锯弓，轻施压力，起辅助作用，推锯是工作行程，双手应对锯弓施以压力，回锯是非工作行程，不施压力

步骤	项目	锯削示意图	锯削的方法
3	锯削时的站姿		锯割时，操作者站在台虎钳纵向中心线左侧，身体偏转约45°，左脚向前跨小半步，重心偏于右脚，两脚自然站稳，视线落在工件的锯割线上
4	起锯		起锯操作如图所示。起锯的方式有远边起锯和近边起锯两种，一般情况采用远边起锯。因为此时锯齿是逐步切入材料，不易卡住，起锯比较方便。起锯角 α 以 15° 左右为宜。为了起锯的位置正确和平稳，可用左手大拇指挡住锯条来定位。起锯时压力要小，往返行程要短，速度要慢，这样可使起锯平稳
5	正常锯削		当整条锯口形成时，锯应改作水平直线往复运动，如图所示。锯割时，手握锯弓要舒展自然，右手握住手柄向前施加压力，左手轻扶在弓架前端，稍加压力。人体重量均布在两腿上。锯割时速度不宜过快，以每分钟 30～60 次为宜，并应用锯条全长的 2/3 工作，以免锯条中间部分迅速磨钝。推锯时锯弓运动方式有两种：一种是直线运动，适用于锯缝底面要求平直的槽和薄壁工件的锯割；另一种锯弓上下摆动，这样操作自然，两手不易疲劳。锯割到材料快断时，用力要轻，以防碰伤手臂或折断锯条
6	收锯		工件将要锯断时，应注意收锯，此时用力要小、速度放慢，用左手扶住即将锯下的部分、直到锯断

锯削加工实例的步骤和方法，见表 4-4。

表 4-4 锯削加工实例的步骤和方法

步骤	项目	锯削示意图	锯削的方法
1	锯削扁钢		锯削扁钢应从宽面起锯，以避免锯条被卡住或折断，并能得到整齐的锯面。锯削型钢的方法与扁钢基本相同，当一面锯穿后，应改变工件的夹持位置，始终保持从宽面起锯
2	锯削角钢		锯削角钢应从两宽面起锯，以避免锯条被卡住或折断，并能得到整齐的锯面
3	锯削槽钢		锯削槽钢应从三宽面起锯，以避免锯条被卡住或折断，并能得到整齐的锯面

续表

步骤	项目	锯削示意图	锯削的方法
4	锯削薄圆管		锯削圆管时，一般把圆管水平地夹持在虎钳内，对于薄管或精加工过的管子，应夹在木垫之间
5	锯削厚圆管		锯割管子不宜从一个方向锯到底，应该锯到管子内壁时停止，然后把管子向推锯方向旋转一些，仍按原有锯缝锯下去，这样不断转据，到锯断为止
6	锯削圆钢		锯割圆钢时，为了得到整齐的锯缝，应从起锯开始以一个方向锯至结束。如果对断面要求不高，可逐渐变更起锯方向，以减少抗力，便于切入
7	锯削薄板	金属薄板 木板	锯割薄板时，为了防止工件产生振动和变形，可用木板夹住薄板两侧进行锯割

四、锯削中容易出现的问题

（1）锯条折断：

① 锯条安装得过紧或过松；

② 工件装夹不正确；

③ 锯缝歪斜过多，强行借正；

④ 压力太大，速度过快；

⑤ 新换的锯条在旧的锯缝中被卡住，而造成折断。

（2）锯条崩齿：

① 起锯角度太大；

② 起锯用力太大；

③ 工件钩住锯齿。

五、锯削注意事项

（1）锯削前要检查锯条的装夹方向和松紧程度。

（2）锯削时压力不可过大，速度不宜过快，以免锯条折断伤人。

（3）锯削将完成时，用力不可太大，并需用左手扶住被锯下的部分，以免该部分落下时砸脚。

任务3　锉削

任务目标：

（1）了解锉刀的用途，掌握各部分名称。

（2）掌握平面的锉削技能。

（3）初步掌握曲面的锉削技能。

（4）掌握用检具以透光法检测平面度的技能。

用锉刀对工件表面进行切削加工，使其达到所要求尺寸、形状和表面粗糙度的要求，称为锉削。锉削一般是在錾削、锯削之后对工件进行的精度较高的加工，其精度可达 0.01μm，表面粗糙度可达 $Ra0.8\mu m$。

锉削的应用范围很广，可以锉削平面、曲面、外表面、内孔、沟槽和各种形状复杂的表面。还可以配键、做样板、修整各种形状复杂的几何形状表面等。

一、锉刀的结构、种类和选用

1. 锉刀的结构

锉刀主要由锉身和锉柄组成，各部分名称如图 4-21 所示，其规格一般用工作部分的长度表示，有 100mm，150mm，…，400mm 七种。锉刀常用材料为高碳工具钢 T12、T13 制成，并经热处理淬硬度为 62～67HRC。锉齿多是制锉机上剁成，经热处理淬硬，其形状如图 4-22 所示。锉刀的锉纹常制成双齿纹，以便锉削时切屑易碎断不致堵塞锉面，达到省力的目的。

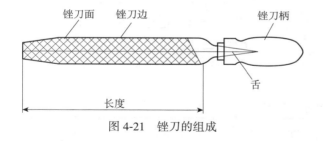

图 4-21　锉刀的组成

1—切削方向；2—锉刀；3—存屑空隙；4—工件

图 4-22　锉齿形状

2. 锉刀的种类

锉刀按其用途可分为普通锉、特种锉、整形锉 3 类。普通锉按其断面形状不同，可分为平锉（又称板锉）、方锉、三角锉、半圆锉和圆锉五种，如图 4-23 所示。

锉刀按齿纹粗细（即锉面上 10mm 长度内的齿数）分为粗齿、中齿、细齿和油光齿。

异形锉是用来锉削工件特殊表面的。有刀口锉、菱形锉、扁三角锉、椭圆锉、圆肚锉等，如图 4-24 所示。

整形锉又叫什锦锉或组锉，因分组配备各种断面形状的小锉而得名，主要用于修整工件上的细小部分，通常以 5、6、8、10 或 12 把为一组，如图 4-25 所示。

3. 锉刀刀齿粗细的划分、特点及选用

生产中根据工件形状来选择锉刀，不同齿纹的锉刀的特点和适用范围，如表 4-5 所示。生产中可参照此表选择锉刀。

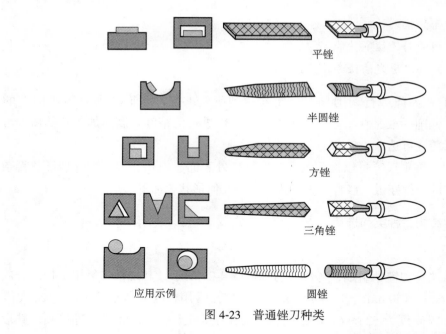

图 4-23　普通锉刀种类

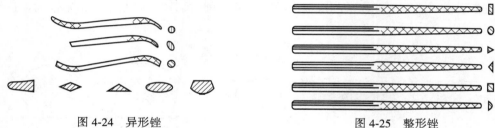

图 4-24　异形锉　　　　　　　　　图 4-25　整形锉

表 4-5　锉刀刀齿粗细的划分、特点及选用

锉齿粗细	齿数（个）（10mm长度内）	特点和应用	加工余量 /mm	表面粗糙度 /μm
粗齿	4 ～ 12	齿间距大，不易堵塞，适宜粗加工或锉铜、铝等有色金属	0.5 ～ 1	50 ～ 12.5
中齿	13 ～ 24	齿间距中，适宜于粗锉后加工	0.2 ～ 0.5	6.3 ～ 3.2
细齿	30 ～ 40	锉光表面或锉硬金属（钢、铸铁等）	0.05 ～ 0.23	1.6
油光齿	50 ～ 62	精加工时，修光表面	0.05 以下	0.8

二、锉削的步骤和方法

1. 锉削的步骤

1）锉刀握法

锉刀大小不同，握法也不一样，其中大锉刀可有三种握法，如图 4-26（a）、（b）、（c）所示；中型一种，如图 4-26（e）所示；小型两种，如图 4-26（d）、（f）所示。

（1）较大锉刀：较大锉刀一般指锉刀长度大于 250mm 的锉刀。右手握着锉刀柄，将柄的外端顶在拇指根部的手掌上，大拇指放在手柄上，其余手指由上而下握住手柄。左手掌斜放在锉刀上方，拇指根部肌肉轻压在锉刀的刀尖上，中指和无名指抵住梢部右下方。（或左手掌斜放在锉刀梢部，大拇指自然伸出，其余各指自然蜷曲，小指、无名指、中指握住锉刀的前下方；或左手掌斜放在锉刀梢上，其余各指自然平放），如图 4-27 所示。

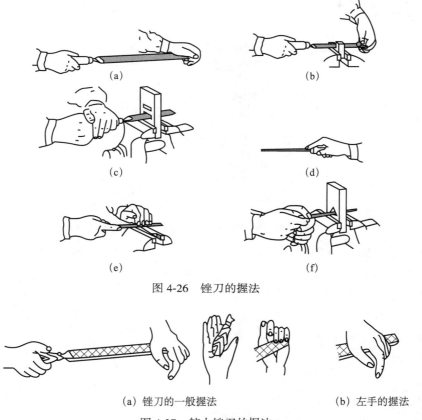

图 4-26　锉刀的握法

（a）锉刀的一般握法　　　　　　（b）左手的握法

图 4-27　较大锉刀的握法

（2）中型锉刀：右手同按大锉刀的方法相同，左手的大拇指和食指轻轻持扶锉梢。

（3）小型锉刀：右手食指平直扶在手柄的外侧面，左手手指压在锉刀的中部，以防止锉刀在锉削时前高后低（或前低后高），保持锉刀始终是水平工作。

（4）整形锉刀：单手持手柄，食指放在锉身上方。

（5）异形锉刀：右手与握小型锉刀的方法相同，左手轻压在右手手掌外侧，以压住锉刀，小指勾住锉刀其余指抱住右手。

2）工件的装夹

（1）工件尽量夹持在台虎钳钳口宽度方向的中间。

（2）锉削面靠近钳口，以防锉削时产生振动。

（3）装夹要稳固，但用力不可太大，以防工件变形。

（4）装夹已加工表面和精密工件时，应在台虎钳的钳口上衬上紫铜皮或铝皮等软的衬垫，以防夹坏工件表面。

3）锉削姿势

正确的锉削姿势能够减轻疲劳，提高锉削质量和效率。

锉削时的站立步位和姿势，如图 4-28 所示。锉削时站立要自然，左手、锉刀、右手形成的水平直线称为锉削轴线。右脚掌心在锉削轴线上，右脚掌长度方向与轴线成 75°；左脚略在台虎钳前左下方，与轴线成 30°；两脚跟之间距离因人而异，通常为操作者的肩宽；身体平面与轴线成 45°；身体重心大部分落在左脚，左膝呈弯曲状态，并随锉刀往复运动作相应屈伸，右膝伸直。

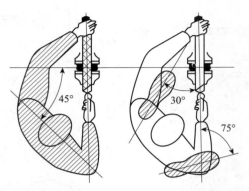

图 4-28　锉削时的站立步位和姿势示意图

锉削动作，如图 4-29 所示，开始时，身体前倾 10° 左右，右肘尽量向后收缩。锉刀长度推进前 1/3 行程时，身体前倾 15° 左右，左膝弯曲度稍增。锉刀长度推进中间 1/3 行程时，身体前倾 18° 左右，左膝弯曲度稍增。锉刀推进最后 1/3 行程时，右肘继续推进锉刀，同时利用推进锉刀的反作用力，身体退回到 15° 左右。锉刀回程时，将锉刀略微提起退回，同时手和身体恢复到原来姿势。

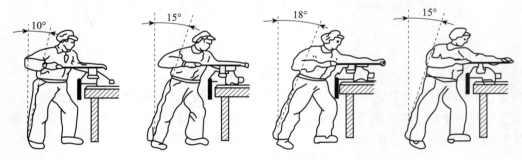

图 4-29　锉削动作示意图

4）锉削力的运用

锉削时有两个力，一个是推力，一个是压力，其中推力由右手控制，压力由两手控制；而且在锉削中，要保证锉刀前后两端所受的力矩相等，即随着锉刀的推进左手所加的压力由大变小，右手的压力由小变大，否则锉刀不稳易摆动。如图 4-30 所示。

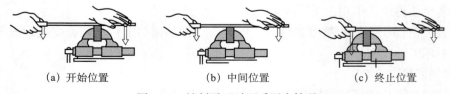

（a）开始位置　　　　　（b）中间位置　　　　　（c）终止位置

图 4-30　锉削平面时两手用力情况

　5）注意问题

　锉刀只在推进时加力进行切削，返回时，不加力、不切削，把锉刀返回即可，否则易造成锉刀过早磨损；锉削时利用锉刀的有效长度进行切削加工，不能只用局部某一段，否则局部磨损过重，造成寿命降低。

　6）速度

　一般 30 ～ 40 次 / 分，速度过快，易降低锉刀的使用寿命。

　2. 锉削操作方法

　生产中常用的锉削方法见图 4-31。

　（1）交叉锉法。常用于较大面积的粗锉，去屑快、效率高，如图 4-31（a）所示。

　（2）顺向锉法。主要用于工件的精锉，可得到平面、光洁的表面，如图 4-31（b）所示。

　（3）推锉法。常用于较窄表面的精锉以及不能用顺向锉法加工的场合，如加工表面前端有凸台等，如图 4-31（c）所示。

　（4）滚锉法。用于锉削内外圆弧面和倒角，如图 4-31（d）所示。

　以锉平面为例，分析图 4-31 可知，只有当两手压力相对工件中心所形成的力矩相等时锉刀才能保持水平运动。

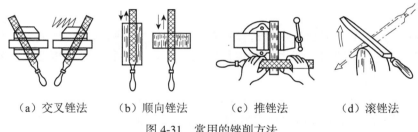

　（a）交叉锉法　　　（b）顺向锉法　　　（c）推锉法　　　（d）滚锉法

图 4-31　常用的锉削方法

三、锉削质量检查方法

　如图 4-32 所示，主要检查方法有以下几种。

　（1）尺寸检查，粗略测量可用直尺，精确检查时选用游标卡尺。

　（2）直线度检查，利用透光镜原理，用刀口尺（图 4-32（a））或直角尺（图 4-32（b））检查。

　（3）垂直度检查，利用透光法用直尺检查，检查时角尺贴紧工件向下移动（图 4-32（c））。

　（4）线轮廓度检查，常用工具为检测样板（图 4-32（d））。

　（5）表面粗糙度检查，用眼睛观察，凭经验判断或用表面粗糙度样板对照。

　（6）平面度检查，常用刀口尺通过透光法检测锉削面的平面度，如图 4-33 所示。检查时，刀口尺应垂直放在工件表面，在纵向、横向、对角方向多处逐一进行，其最大直线度误差即为该平面的平面度误差。如果刀口尺与锉削平面间透光强弱均匀，说明该锉削面较平；反之，说明该锉削面不平，其误差值可以用塞尺塞入检查。

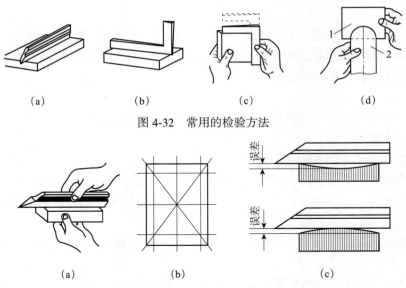

（a）　　　　　　（b）　　　　　　（c）　　　　　　（d）

图 4-32　常用的检验方法

（a）　　　　　　（b）　　　　　　（c）

图 4-33　用刀口尺进行平面度检测

四、平面、曲面的锉削加工

1. 平面锉削

（1）选择锉刀。①根据加工余量选择：若加工余量大，则选用粗锉刀或大型锉刀；反之则选用细锉刀或小型锉刀。②根据加工精度选择：若工件的加工精度要求较高，则选用细锉刀，反之则用粗锉刀。

（2）工件夹持：将工件夹在虎钳钳口的中间部位，伸出不能太高，否则易振动，若表面已加工过，应在台虎钳的钳口上衬上紫铜皮或铝皮等软的衬垫，以防夹坏工件表面。

（3）方法：顺向锉；交叉锉；推锉。

（4）检验方法：透光法。

（5）量具：刀口直尺（直线度、平面度）；直角尺（垂直度）。

2. 曲面锉削

1）外圆弧的锉削

在加工外圆弧时，应选用平锉。

锉刀种类较多，尤其加工圆弧面时，多数同学会认为要用圆锉，很易出错，故在此提出，意加深印象。

方法：用平锉横向运动形式圆弧锉法，用于圆弧粗加工；滚锉法用于精加工或余量较小时。

2）内圆弧的锉削

工具－半圆锉，运动形式首先向前进运动；其次，向左或向右移动；最后，绕锉刀中心线转动；三个运动同时完成。

五、锉刀柄的装、拆

如何装拆锉刀柄，如图 4-34 所示。

(a) 安装　　　　　　　　　　(b) 用惯性力拆锉刀柄

图 4-34　锉刀的装拆方法

锉刀舌是用来安装锉刀柄的。制造锉刀柄常用木质材料，在锉刀柄的前端有一安装孔，孔的最外围有铁箍。锉刀柄的安装有两种方法：第一种方法，右手握锉刀，左手五指扶住锉刀柄，在台虎钳后面的砧面上用力向下冲击，利用惯性把锉刀舌部装入柄孔内；第二种方法，左手握住锉刀，先把锉刀轻放入柄孔内，然后右手用榔头敲击锉刀柄，使锉刀舌部装入柄孔内。注意在安装的时候，要保持锉刀的轴线与柄的轴线一致。

拆锉刀柄时，不能硬拔，否则不但容易出事故，而且不易拔出。通常在台虎钳侧面的上止口，锉刀平放，柄水平方向由远至近地加速冲击，柄运动至台虎钳止口突然停住，而锉刀在惯性的作用下与柄分开，这样做既省力又快。注意拆卸的时候，锉刀运动方向上不能有人，以免受到伤害。

六、锉削注意事项

（1）锉刀必须装手柄使用，当锉刀柄松动应装紧后再用，不使用无柄或柄已裂开的锉刀，以免刺伤手腕。

（2）不准用嘴吹锉屑，防止铁屑飞进眼睛，也不要用手清除锉屑。

（3）当锉屑堵塞锉纹后，应用钢丝刷顺着锉纹方向刷去锉屑。

（4）对铸件上的硬皮或黏砂、锻件上的飞边或毛刺等，应先用砂轮磨去，然后锉削。

（5）锉削时不准用手摸锉过的表面，因手有油污，再锉时打滑。

（6）锉刀不能作橇棒或敲击工件，防止锉刀折断伤人。

（7）放置锉刀时，不要使其露出工作台面，以防锉刀跌落伤脚；也不能把锉刀与锉刀叠放或锉刀与量具叠放。

任务 4　孔的加工

任务目标：

（1）掌握孔加工的加工工艺。

（2）掌握钻削不同孔类工件的方法。

（3）了解钻削的安全注意事项。

孔加工在金属切削加工中应用广泛，常见的孔加工方法有钻孔、扩孔、锪孔以及铰孔等。

一、钻孔

用钻头在钻床上对实体材料进行孔加工的操作称为钻孔。主要加工精度要求不高的孔或作为孔的粗加工。

1. 钻孔设备、工具及其使用

1）钻床

（1）台式钻床。台式钻床主要用于加工 ϕ12mm 以下的孔，它具有结构简单、操作方便等优点。如图 4-35 所示为台式钻床的结构图。台式钻床的调速是靠一对分别装于主、从动轴上的皮带轮，通过改变 V 型皮带在皮带轮中的位置来实现转速调节，如图 4-36 所示。台式钻床的速度调节一般有五级不同的转速（480 ～ 4100r/min）。台式钻床主轴下端为莫氏 2 号锥孔，用于安装钻夹头。

1—底座；2—工作台；3—缩紧手柄；4—立柱；
5—电动机；6—进给手柄；7—防护罩；8—钻夹头
图 4-35　台式钻床结构图

图 4-36　台式钻床调速机构

（2）立式钻床。立式钻床最大钻孔直径要比台式钻床大，根据钻床型号不同，最大钻孔直径也不同。如图 4-37 为 Z525 立式钻床，其最大钻孔直径为 25mm。立式钻床主轴下端采用的是莫氏 3 号锥轴，用于安装钻头。立式钻床的调速是靠齿轮机构，由调速手柄调节，可调节 97 ～ 1360r/min 九种不同转速。另外，立式钻床还可实现自动进给，进给量调节范围为 0.1 ～ 0.81mm/r。

（3）摇臂钻床。摇臂钻床适用于加工中、大型零件，可以完成钻孔、扩孔、铰孔、锪平面、攻螺纹等工作。摇臂钻床结构如图 4-38 所示，它除了能实现主运动和进给运动，还可以实现主轴箱沿摇臂水平导轨的移动、摇臂沿丝杠的上下移动和摇臂绕内立柱 360°旋转。

2）钻头的装夹工具

（1）钻夹头。钻夹头是用来夹持尾部为圆柱体钻头的夹具，如图 4-39 所示。在钻夹头的三个斜孔内装有带螺纹的夹爪，夹爪螺纹和装载夹头套筒的螺纹相啮合。当钥匙上的小伞齿轮带动夹头套上的伞齿轮时，夹头套上的螺纹旋转，从而使三爪推出或缩入，用来夹紧或放松钻头。注意：用钻夹头装卸钻头时，应用钥匙，不可用其他工具直接作用在钻夹头套上的伞齿轮牙上敲击，否则，易损坏钻夹头。

（2）钻头套。钻头套是用来装夹锥柄钻头的夹具（图 4-40）。根据钻头锥柄莫氏锥度号选用相应的钻头套。当选用较小的钻头钻孔时，用一个钻头套有时不能直接与钻床主轴锥孔相配合，此时就要把几个钻头套配套使用。

钻头套共分五种，工作中应根据钻头锥柄莫氏锥度的号数，选用相应的钻头套。

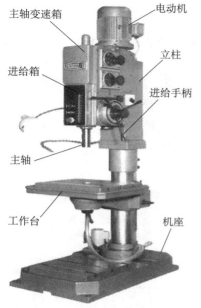

图 4-37　立式钻床结构图

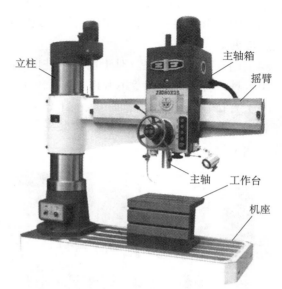

图 4-38　摇臂钻床结构图

图 4-39　钻夹头

图 4-40　钻头套

2. 常用的工件装夹方法

（1）手握或用手虎钳夹持，如图 4-41 所示。如果工件能用手握住，而且基本比较平整时，可以直接用手握住工件进行钻孔；对于短小工件，用手不能握持时，可用手虎钳或小型台虎钳来夹紧。此种装夹方法仅用于钻 6mm 以下的小孔。

（a）手握工件

（b）手虎钳夹持

图 4-41　工件装夹方法

（2）用机用平口虎钳装夹，如图 4-42 所示。在平整的工件上钻较大孔时，一般采用机用平口虎钳装夹，装夹时在工件下面垫一木块。对于质地较软或者夹持表面经过加工的工件，须在钳口处垫上木头、铜皮或者橡胶等物品，以免夹伤工件表面。如果钻的孔较大，机用平口虎钳应用螺钉固定在钻床工作台面上。

（3）用 V 形铁装夹。对于在套筒类或圆柱形工件表面钻孔，通常将其固定于 V 形铁上，并用压板夹紧。

（4）用专用卡具装夹。对于定位工件形状复杂、加工要求高或者成批量生产时，可制作专用卡具，将工件装于专用卡具上进行加工。

（5）直接在钻床工作台面上装夹工件，如图 4-43 所示。钻床工作台面上都有 T 形槽，对于钻大孔或不适宜用机用平口虎钳装夹的工件，可直接用压板、螺栓把工件固定在钻床工作台面上进行加工。

图 4-42　机用平口虎钳装夹

图 4-43　工作台面上装夹

3. 钻头及其刃磨

钻头是钻削加工的刀具。钻头的种类很多，如麻花钻、扁钻、深孔钻和中心钻等，本书只介绍麻花钻。

1）麻花钻的构成

如图 4-44 所示，麻花钻的工作部分像"麻花"，因此得名。它有以下几部分。

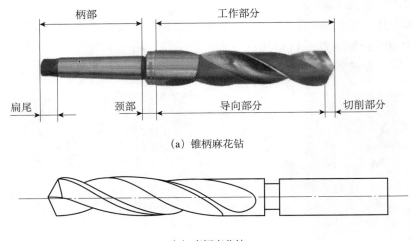

（a）锥柄麻花钻

（b）直柄麻花钻

图 4-44　普通麻花钻

（1）柄部是钻头的夹持部分。在钻削过程中，经过装夹后，柄部用来定心和传递动力。根据普通麻花钻直径的大小，柄部可分为锥柄和直柄两种不同的形式，如图 4-44 所示。一般锥柄用于直径≥ 13mm 的钻头，直柄用于直径 <13mm 的钻头。

（2）颈部是普通麻花钻在磨制加工时遗留的退刀槽。一般普通麻花钻的尺寸规格、材料以及商标都标刻在颈部。

（3）工作部分是用来切削加工的。它又可分为切削部分和导向部分。

2）标准麻花钻的缺点及修磨

（1）标准麻花钻的缺点。标准麻花钻的切削部分存在以下缺点。

① 横刃较长，横刃处前角为负值，在切削中，横刃实际上处于挤刮状态而不是在切削，因此产生很大轴向力，使钻头容易发生抖动，定心不良。

② 主切削刃上各点的前角大小不一样，致使各点的切削性能不同。特别是横刃处前角为负值，处于一种刮削状态，切削性能差，会产生热量大，磨损严重。

③ 主切削刃外缘处的刀尖角较小，前角很大，刀刃强度低，而此处的切削速度却最高，产生的切削热最大，所以磨损极为严重。

④ 主切削刃很长，而各点切屑流出速度的大小和方向都相差很大，造成切屑的卷曲变形，容易堵塞容屑槽，排屑困难，同时冷却液也不易注入。

（2）标准麻花钻的修磨，如表 4-6 所示。

表 4-6　标准麻花钻的修磨

顺序	口诀	备注
刃磨前的准备：修整砂轮机	轮机要求不特殊 通用砂轮机就满足 外圆轮侧修平整 圆角可小月牙弧	
1. 修磨横刃	钻轴左倾 15 度 尾炳下压 55 度 外刃、轮侧夹"τ"角 钻心缓进别烧糊	
2. 修磨主切削刃		
3. 修磨前刀面	钻刃摆平轮面靠 钻轴左斜出峰角 由刃向背磨后面 上下摆动尾别翘	
4. 修磨分屑槽	片砂轮或小砂轮 垂直刃口两平分 开槽选在高刃上 槽侧后角要留心	为使切屑变窄以利排出，可在钻头的两个主后刀面上磨出几条互相错开的分屑槽，改善排屑

（3）标准麻花钻的刃磨。麻花钻经过一段时间的使用，切削刃、切削角等都会发生变化，影响切削效率和钻孔质量，需对钻头进行刃磨。刃磨时主要是刃磨两个主后刀面，同时要保证后角、顶角和横刃斜角正确。钻头刃磨的方法、步骤如下。

① 钻头刃磨时应右手握住钻头的头部，左手握住柄部（图 4-45）。

② 钻头刃磨时与砂轮的相对位置如图 4-45（a）所示，钻头轴线与砂轮圆柱素线在水

平面内的夹角等于钻头顶角 2φ 的一半，被刃磨部分的主切削刃处于水平位置。

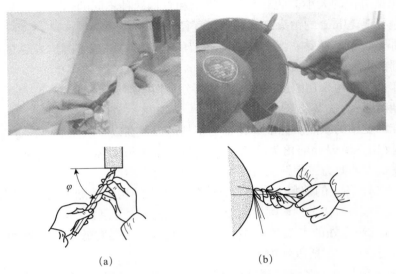

图 4-45　钻头刃磨时与砂轮的相对位置

③ 刃磨时应将主切削刃在略高于砂轮水平中心平面处先接触砂轮（图 4-45（b）），右手缓慢地使钻头绕自身轴线由下向上转动，同时施加适当的刃磨压力，以使整个后刀面都能磨到；左手配合右手做缓慢的同步下压运动，刃磨压力逐渐加大，便于磨出后角，其下压的速度及其幅度随所要求的后角大小而变。为保证钻头在靠近中心处磨出较大的后角，还应做适当的右移运动。刃磨时两手动作的配合要协调、自然。刃磨时还应注意保证两个主后刀面对称。

④ 修磨横刃。钻头轴线在水平面内与砂轮侧面左倾大约 15°，在垂直平面内与刃磨点的砂轮半径方向大约成 55° 下摆角，横刃的修磨方法如图 4-46 所示。

⑤ 钻头的冷却。刃磨钻头时压力不宜过大，并要经常蘸水冷却，以防止因过热而引起退火，使钻头的硬度降低。

（4）标准麻花钻刃磨质量的检验。在刃磨钻头时，应不断地观察、检测，看是否符合要求。具体可从以下几个方面检验。

① 钻头的两条主切削刃应对称。钻头的两条主切削刃若不对称，钻孔时容易产生孔扩大或孔偏斜等现象，同时对钻头的磨损也会加剧。为保证两主切削刃对称，在刃磨时应经常观察，方法是：把钻头的切削部分向上竖立，两眼平视，观察两主切削刃是否对称。但由于两主切削刃一前一后会产生视觉误差，往往感到前面的主切削刃略高于后面的主切削刃，所以要旋转 180° 后反复查看，如果经几次检验结果都一样，说明钻头两主切削刃是对称的。当然，检验两切削刃是否对称还可以利用检验样板进行检验。

② 钻头的主要切削角应满足下述要求。顶角 $2\varphi=118°\pm2°$，标准麻花钻的顶角为 118°，顶角为 118° 时两主切削刃是直线，大于 118° 时主切削刃呈凹形曲线，大于 118° 时主切削刃呈凸形曲线，我们以此来目测判断顶角大小。当然，检验两切削刃是否对称还可以利用检验样板进行检验。外缘处的后角 $\alpha_0=10°\sim14°$；横刃斜角 $\psi=50°\sim55°$；对于两个主后刀面，要求刃磨光滑。

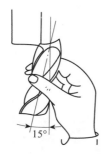
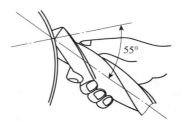

图 4-46　横刃的修磨方法

4. 钻孔的步骤和方法

1）钻孔前的划线、打样冲眼

根据前面所学划线的知识，用划针或高度尺刃口划线，然后用样冲打出样冲眼。为便于在钻孔时检查和找正钻孔的位置，可以按加工孔的直径大小划出孔的圆周线；对于孔径较大的孔，需几次钻出的，可以划出几个大小不等的检查圆或检查方框，以便钻孔时校正，如图 4-47 所示。

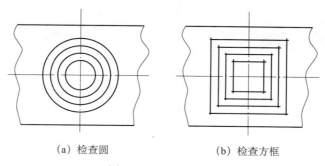

（a）检查圆　　　　　　　　（b）检查方框

图 4-47　孔的检查线

2）装夹工件

根据工件的大小、形状，需加工孔的直径大小及所用钻床，选用合适的装夹方法。图 4-48 是用机用平口虎钳装夹。

图 4-48　装夹工件

3）装夹钻头

直柄钻头用钻夹头夹持。方法是先将钻头柄部塞入夹头三爪卡内，然后用钻夹头钥匙旋转外套，使三只卡爪移动，加紧钻头，如图 4-49（a）所示；对于锥柄钻头，应用莫氏锥度直接与钻床主轴连接，当锥度不合适时，可用过渡钻套来调节，如图 4-49（b）所示。

（a）直柄钻头的装夹

（b）锥柄钻头的装夹

图 4-49　装夹钻头

4）选取钻削用量

（1）钻削用量。钻削用量主要有切削速度、进给量和背吃刀量，如图 4-50 所示。

① 切削速度。切削速度是指钻孔时钻头直径上任一点的线速度，用符号"v"表示。其计算公式为

$$v=\pi Dn/1000$$

式中，D 为钻头直径，mm；

　　　n 为钻床主轴转速，r/min；

　　　v 为切削速度，m/min。

图 4-50　钻削用量选取
1—已加工表面；2—过渡表面；
3—待加工表面

② 进给量。进给量是指主轴每转一转，钻头对工件沿主轴轴线的相对移动量。用符号 "f" 表示，单位为 mm/r。

③ 切削深度。切削深度指工件上已加工表面与待加工表面之间的垂直距离，也可以理解成是一次走到所能切下的金属层厚度，用符号 "a_p" 表示。对钻削来说，切削深度可按以下公式计算：

$$a_p=D/2$$

式中，D 为钻头直径，mm。

（2）钻削用量的选择原则。选择钻削用量的目的是在保证加工精度和表面质量以及刀具合理使用寿命的前提下，尽可能使生产率最高，同时又不允许超过机床的功率和机床、刀具及工件等的强度和刚度。钻孔加工时，由于切削深度已由钻头直径所决定，所以只需要选择切削速度和进给量即可。

对钻孔生产率的影响，切削速度 v 和进给量 f 是相同的；对孔的表面粗糙度的影响，进给量 f 比切削速度 v 大；对钻头寿命的影响，切削速度 v 比进给量 f 大。所以，综合以上的影响因素，钻孔时选择切削用量的基本原则是：在允许的范围内，尽量先选较大的进给量 f，当进给量 f 受到表面粗糙度和钻头刚度的限制时，可考虑选择较大的切削速度 v。

（3）钻削用量的选择方法。

① 切削深度的选择。在钻孔过程中，可根据实际情况选择。一般直径小于 30mm 的孔可一次钻出；直径在 30～80mm，可先用（0.5～0.7）D（D 为工件的孔径）的钻头钻底孔，然后用直径为 D 的钻头将孔进行扩大。这样可以减小切削深度以及轴向力，保护机床，同时还可以提高钻孔质量。

② 进给量的选择。孔的加工精度要求较高以及表面粗糙度值要求较小时，应选取较小的进给量；钻孔深度较深、钻头较长、钻头的刚度和强度较差时，也应选取较小的进给量。以高速钢钻头为例，进给量可参考表 4-7。

表 4-7　高速钢标准麻花钻的进给量

钻头直径 /mm	<3	>3～6	>6～12	>12～25	>25
进给量 /（mm/r）	0.025～0.05	>0.05～0.10	>0.10～0.18	>0.18～0.38	>0.38～0.62

③ 钻削速度的选择。当钻头直径和进给量确定后，钻削速度应按照钻头的寿命选取合理的数值。当钻孔的深度较深时，应选取较小的切削速度，具体可查阅相关手册。

5）试钻

钻孔时，先使钻头对准钻孔中心起钻出一个浅坑，进行试钻，如图 4-51 所示，目的是观察钻孔位置是否正确，并不断校正，使浅坑与划线圆同轴。试钻偏位的借正方法如图 4-52 所示，如果偏位较少，可在起钻的同时用力将工件向偏位的相反方向推移，达到逐步校正的目的；如果偏位较多，可在校正的方向上打上几个样冲眼或用油槽錾錾出几条槽（图 4-52（b）），以减小此处的钻削阻力，达到校正的目的。

图 4-51　试钻

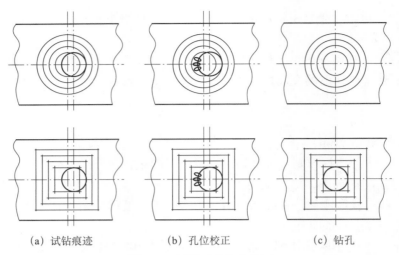

(a) 试钻痕迹   (b) 孔位校正   (c) 钻孔

图 4-52　试钻时偏位的校正

6）钻削时，加切削液（图 4-53）

当钻孔位置符合要求后，选取合适的切削用量进行切削。

钻削时注意加切削液，其作用主要有三点。冷却作用：切削液能带走大量的切削热，从而降低切削温度，延长刀具的使用寿命，同时能有效地提高生产率。润滑作用：切削液能减小摩擦，降低切削力和切削热，减少刀具磨损，提高加工表面质量。清洗作用：切削液能及时冲洗掉切削过程中产生的细小切屑，以免影响工件表面质量和机床精度。常用的切削液主要有水溶性切削液和油溶性切削液两种。

对于台钻等没有冷却泵和冷却液输送管的钻床，可用毛刷蘸取冷却液进行冷却。

(a) 手工加冷却液   (b) 冷却液输送管加冷却液

图 4-53　钻削时加冷却液

7）起钻（图 4-54）

钻孔达到要求后，应将钻头抬起，停机。

8）卸钻头（图 4-55）

直柄钻头用钻夹头钥匙将钻头卸下，钻夹头钥匙旋转方向与装夹时相反；锥柄钻头用斜铁进行拆卸。注意，卸钻头前应先停机。

图 4-54　起钻

（a）直柄钻头的拆卸　　　（b）锥柄钻头的拆卸

图 4-55　钻头的拆卸

9）卸工件

10）清扫工作台

5.钻孔注意事项

（1）操作钻床时要做好安全防护，不可戴手套，袖口必须扎紧，女工必须戴工作帽。

（2）钻头和工件都必须装夹紧，特别在小工件上钻削较大直径的孔时装夹必须牢固，孔将钻穿时，要尽量减小进给力。

（3）钻通孔时必须使钻头能通过工作台台面上的让刀孔，或在工件下面垫上垫铁，以免钻坏工作台台面。

（4）开动钻床前，应检查是否有钻夹头钥匙或斜铁插在钻轴上。

（5）钻孔时不可用手和棉纱或用嘴吹来清除切屑，必须用毛刷清除，钻出长条切屑时，应用铁钩钩断后再清除。

（6）钻削时，操作者的头部不准与旋转着的主轴靠得太近，停车时应让主轴自然停止，不可用手去扶，也不能用反转制动。

（7）钻通孔时，当快要钻透时，应减小进给力。

（8）严禁在开车状态下装拆工件。检验工件和变换主轴转速必须在停车状况下进行。

（9）在使用过程中，钻床工作台面必须保持清洁。使用完毕后必须将机床外露滑动面及工作台台面擦干净，并对各滑动面及各注油孔加注润滑油。清洁钻床或加注润滑油时必须切断电源。

二、扩孔与锪孔

1.扩孔

扩孔是用扩孔刀具对工件上已有的孔（如钻孔、铸孔、锻孔、冲孔）进行扩大的一种孔加工方法。扩孔可以是作为孔的最终加工，也可以作为铰孔等精加工的前一道工序。扩孔后，孔的公差等级可达 IT9 ～ IT10，表面粗糙度值可达 Ra3.2 ～ 12.5μm。

扩孔加工和钻孔加工相比，有切削阻力小、避免了横刃切削引起的不良影响、切屑体积小且易排等特点。

1）扩孔设备、工具及其使用

扩孔设备、工具及其使用和钻孔的基本一样，不再详述。

2）扩孔刀具

（1）麻花钻。在实际生产中，为降低生产成本，可以直接用麻花钻来扩孔，如图 4-56 所示。例如，在实体材料上钻孔，如果孔径较大，不能用大直径麻花钻一次钻出，可先用较小的钻头钻出小孔，然后用大直径的麻花钻进行扩孔。

用麻花钻扩孔时，预钻孔直径可按实际需要的孔径的 0.5 ～ 0.7 考虑，扩孔时的切削速度约为钻孔时的 1/2，进给量为钻孔时的 1.5 ～ 2 倍。

（2）扩孔钻。扩孔钻是专门用于扩孔的刀具，如图 4-57 所示，其结构与麻花钻有较大区别。扩孔钻有如下特点。

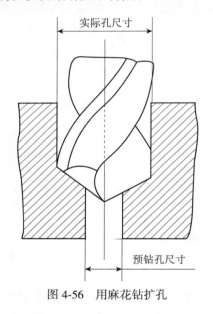

图 4-56　用麻花钻扩孔

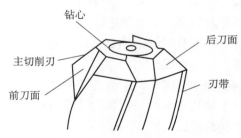

图 4-57　扩孔钻工作部分结构

① 因中心部分不参与切削，可以不要横刃，切削刃只做成靠边缘的一段即可。

② 扩孔加工产生的切屑体积较小，不需要大容屑槽，因此，扩孔钻可以将钻心加粗，提高其刚度，在切削加工时可提高扩孔钻的稳定性。

③ 容屑槽减小了，扩孔钻可以做成多齿的，增强导向作用。一般整体扩孔钻有 3 ～ 4 个齿。

④ 因切削深度较小，切削角可取较大的值，切削省力。

由于以上原因，扩孔钻的加工质量更高。扩孔多用于成批大量生产。

3）扩孔的一些常用方法及注意事项

（1）对于在实体材料上加工。常在钻孔后再扩孔，一般在钻孔后，不改变工件和钻床主轴相对位置，立即换上扩孔钻进行扩孔，这样可以保证扩孔钻的中心与预钻孔中心重合，从而保证加工质量。

（2）对铸孔或锻孔进行扩孔时，在扩孔前，先用镗孔刀在被扩孔端部镗出一段直径与扩孔钻相同的导向孔，如图 4-58（a）所示，再用扩孔钻进行扩孔。这样便于准确定位，使扩孔钻不会因原有孔的偏移而偏移。

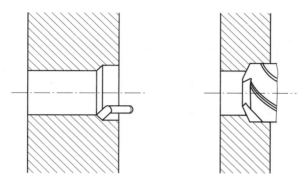

（a）镗孔刀在被扩孔端部镗导向孔　　　　（b）用扩孔钻扩孔

图 4-58　用扩孔钻扩孔

（3）用专用卡具。对于成批量生产时，可做专用的卡具装夹工件，用钻套为导向进行扩孔。

2. 锪孔

用锪钻刮平孔的端面或切除沉孔的方法，称为锪孔。常见的锪孔应用如图 4-59 所示。

锪孔的目的是保证孔端面与孔中心线的垂直度，以便于连接的零件位置正确，连接可靠。

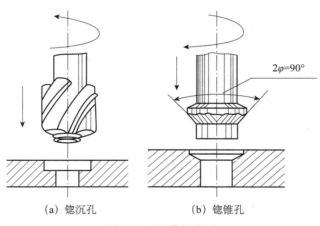

（a）锪沉孔　　　　　　　　　（b）锪锥孔

图 4-59　锪孔的应用

1）锪钻的种类和特点

锪钻分柱形锪钻、锥形锪钻和端面锪钻三种。

（1）柱形锪钻。锪圆柱形埋头孔的锪钻称为柱形锪钻，其结构如图 4-60（a）所示。

柱形锪钻起主要切削作用的是端面刀刃，螺旋槽的斜角就是它的前角（$\gamma_0 = \omega_0 = 15°$），后角 $\alpha_0 = 8°$。锪钻前端有导柱，导柱直径与工件已有孔为紧密的间隙配合，以保证良好的定心和导向。一般导柱是可拆的，也可以把导柱和锪钻作成一体。

（2）锥形锪钻。锪锥形埋头孔的锪钻称为锥形锪钻，其结构如图4-60（b）所示。锥形锪钻的锥角（2φ）一般有60°、75°、90°和120°四种，其中90°又用得最多。根据工件锥形沉孔的要求不同，可以进行选择。锥形锪钻直径d在12～60mm，齿数为4～12个，前角$\gamma_0=0°$，后角$\alpha_0=6°～8°$。为了改善钻尖处的容屑条件，每隔一齿将刀刃切去一块。

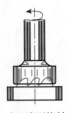

（a）柱形锪钻 （b）锥形锪钻 （c）端面锪钻

图4-60　锥形锪钻

（3）端面锪钻。专门用来锪平孔口端面的锪钻，称为端面锪钻，如图4-60（c）所示。端面锪钻的端面刀齿为切削刃，前端导柱用来导向定心，以保证孔端面与孔中心线的垂直度。

2）用麻花钻改磨锪钻

标准锪钻虽有多种规格，但一般适用于成批大量生产，不少场合使用麻花钻改制的锪钻。

（1）用麻花钻改制锥形锪钻。图4-61所示为用麻花钻改制成的锥形锪钻，主要是保证其顶角2φ与要求锥角一致，两切削刃要磨得对称。为减少振动，一般磨成双重后角：第一重后角$\alpha_0=6°～10°$，对应的后刀面宽度为1～2mm；第二重后角$\alpha_1=15°$，外缘处的前角适当修整为$\gamma_0=15°～20°$，以防扎刀。

（2）用麻花钻改制柱形锪钻。如图4-62所示，选用一个比较短的麻花钻，在磨床上把麻花钻的端部磨出圆柱形导柱，导柱的直径与工件上已有的孔直径相等且形成间隙配合，导柱上的螺旋槽形成的刃口应磨钝，避免划伤原有的孔。改制成的锪钻端面上的切削刃用薄砂轮片磨出后角$\alpha_0=6°～8°$。

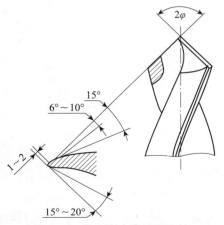

图4-61　钻头磨出的锥形锪钻

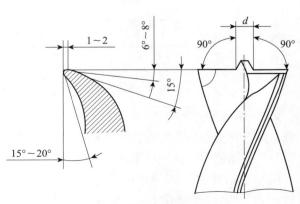

图4-62　钻头磨出的柱形锪钻

如果将标准麻花钻磨成不带倒柱的平底锪钻，则它既可锪圆柱形沉孔，又可以锪平孔口端面，还可以用来锪平盲孔的底孔。

三、铰孔

用铰刀对已经粗加工的孔进行精加工称为铰孔。铰削可提高孔的尺寸精度和降低孔表面粗糙度值。一般尺寸精度可达 IT7 ～ IT9 级，表面粗糙度可达 $Ra1.6\mu m$。

1. 铰孔设备、工具及其使用

1）手动铰削工具——铰杠

铰杠是手工铰孔的工具，如图 4-63 所示为一活动式铰杠。将铰刀柄尾部方榫夹在铰杠的方孔内，扳动铰杠使铰刀旋转。这种铰杠的方孔是可以调节的，以适合于夹持不同尺寸的铰刀方头。

图 4-63　铰杠

2）机动铰削设备——钻床

见前面钻孔加工所述。

2. 铰刀

铰刀种类很多，常见的铰刀如下。

（1）整体式圆柱铰刀。整体式圆柱铰刀有手用铰刀和机用铰刀两种，如图 4-64 所示。铰刀由工作部分、颈部和柄部三部分组成，其中工作部分又分为切削部分与校准部分。

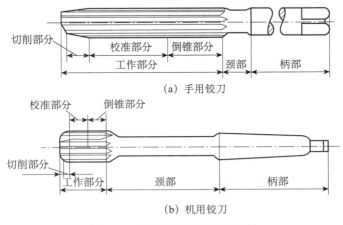

（a）手用铰刀

（b）机用铰刀

图 4-64　整体式援助铰刀的结构

（2）可调式手用铰刀。整体式圆柱铰刀主要用来铰削标准直径系列的孔。在单件生产和修配工作中需要铰削少量的非标准孔，则应使用可调式手用铰刀（图 4-65），通过调节两端的螺母，使楔形刀片沿刀体上的斜底槽移动，以改变铰刀的直径尺寸。

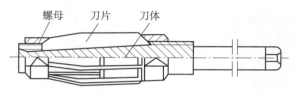

图 4-65　可调式手用铰刀

（3）锥铰刀。锥铰刀用于铰削圆锥孔，其形状如图 4-66 所示。

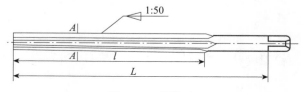

图 4-66　锥铰刀

（4）螺旋槽手用铰刀（图 4-67）。此种铰刀常用于铰削带有键槽的孔，因为带有键槽的孔键槽易把铰刀刃卡住。螺旋槽手用铰刀的螺旋槽旋向一般是左旋的。

图 4-67　螺旋槽手用铰刀

3. 铰削用量

铰削用量包括铰削余量、切削速度和进给量。

1）铰削余量 $2a_p$

铰削用量指的是上道工序（钻孔或扩孔）完成后留下的直径方向的加工余量。在铰削加工时，铰削余量不宜过大，因为铰削余量过大，每个刀齿切削负荷增大，变形增大，切削热增加，铰刀直径胀大，被加工表面呈撕裂状态，尺寸精度降低，表面粗糙度值增大，并加剧铰刀磨损。铰削余量也不宜太小，否则，上道工序残留变形难以纠正，原有刀痕不能去除，铰削质量达不到要求。

选择铰削余量时，应考虑孔径大小、材料软硬程度、尺寸加工精度、表面粗糙度要求及铰刀的类型等因素的综合影响。用普通标准高速钢铰刀铰孔时，可参考表 4-8 选取铰削余量。

表 4-8　铰削余量参考值（mm）

铰孔直径	<5	5～20	21～32	33～50	51～70
铰削余量	0.1～0.2	0.2～0.3	0.3	0.5	0.8

2）机铰切削速度 v

为了得到较小的表面粗糙度值，避免产生积屑瘤，减少切削热及变形，应采取较小的切削速度。用高速钢铰刀铰钢件时，速度 v=4～8m/min；铰削铸铁时，速度 v=6～8m/min；

铰削铜件时，速度 $v=8 \sim 12m/min$。

3）机铰进给量 f

机铰钢件及铸铁件时，进给量 $f=0.5 \sim 1mm/r$；机铰铜件、铝件时，进给量 $f=1 \sim 1.2mm/r$。

4. 铰孔时的冷却润滑

铰削时必须用适当的冷却润滑液来减少摩擦、降低工件和铰刀温度，防止产生积屑瘤，及时带走黏附在铰刀和孔壁上的切屑细末，从而使孔表面光洁，并减少孔径扩张量。铰孔时切削液的选用见表 4-9。

表 4-9　铰孔时的切削液

加工材料	切削液
钢	① 10% ～ 20% 乳化液 ② 铰孔要求高时，采用 30% 菜油加 70% 肥皂水 ③ 铰孔的要求更高时，可用菜油、柴油、猪油等
铸铁	① 煤油，但会引起孔径缩小，最大缩小量达 0.02 ～ 0.04mm ② 低浓度的乳化液 ③ 也可不用
铝	煤油
铜	乳化液

5. 铰孔的步骤和方法

1）手工铰孔铰削的操作方法

（1）将手用铰刀装夹在铰杠上，如图 4-68 所示。

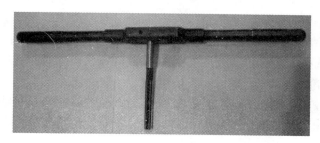

图 4-68　装夹手用铰刀

（2）起铰。在手用铰刀铰削前，可采用单手对铰刀施加压力，所施压力必须通过所铰孔的轴线，同时转动铰刀起铰。

（3）铰削。正常铰削时，两手用力要均匀、平稳，不得有侧向压力，同时适当加压，使铰刀均匀地进给，以保证铰刀正确切削，获得较低的表面粗糙度值，并避免孔口形成喇叭形或将孔径扩大。在铰削时根据表 4-9 选加切削液。

（4）铰刀铰孔或退出铰刀时，铰刀不能反转，以防止刃口磨钝或将切屑嵌入刀具后刀面与孔壁之间，将孔壁划伤。退铰方法要按铰削方向边旋转边向上提起铰刀，如图 4-69 所示。

2）机铰

机铰时，应尽量使工件在一次装夹过程中完成钻孔、扩孔、铰孔的全部工序，以保证铰刀中心与孔的中心的一致性。铰孔完毕后，应先退出铰刀，然后再停车，防止划伤孔壁表面。

图 4-69　退铰

6. 铰孔注意事项

1）手工铰孔应注意的事项

（1）工件装夹位置要正确，应使铰刀的中心线与孔的中心线重合。对薄壁工件夹紧力不要过大，以免将孔夹扁，铰削后产生变形。

（2）铰削进给时，不要用过大的力压铰杠，而应随着铰刀的旋转轻轻地对铰杠加压，使铰刀缓慢地引伸进入孔内，并均匀进给，以保证孔的加工质量。

（3）注意变换铰刀每次停歇的位置，以消除铰刀在同一处停歇所造成的振痕。

（4）铰削钢料工件时，切屑碎末容易黏附在刀齿上，应经常清除。

（5）铰削过程中，如果铰刀被切屑卡住，不能用力扳转铰手，以防损坏铰刀。应想办法将铰刀退出，清除切屑后，再加切削液，继续铰削。

（6）铰削时应选择适当的切削液，减少摩擦并降低刀具和工件的温度。

2）圆锥孔的铰削

（1）铰削尺寸较小的圆锥孔。先按圆锥孔小端直径并留铰削余量钻出圆柱孔，孔口按圆锥孔大端直径锪出 45° 的倒角，然后用圆锥铰刀铰削。在铰削过程中一定要及时用精密配锥（或圆锥销）试深控制尺寸（图 4-70）。

（2）铰削尺寸较大的圆锥孔。铰孔前先将工件钻出阶梯孔（图 4-71）。阶梯个数可根据圆锥孔锥度定，阶梯孔的最小直径按锥孔小端直径确定，并留有铰削余量。

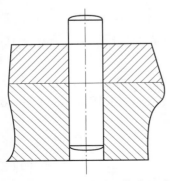

图 4-70　用圆锥销检查铰孔尺寸

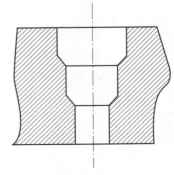

图 4-71　预钻阶梯孔

任务 5　螺纹的加工

任务目标：

（1）掌握攻螺纹和套螺纹的动作要领。

（2）了解攻螺纹和套螺纹的安全注意事项。

螺纹件通常用于紧固连接或用来传递运动和力。

一、攻螺纹

用丝锥在工件孔中切削出内螺纹的加工方法称为攻丝。

1. 丝锥

丝锥是加工内螺纹的工具，分手用和机用两种。

1）丝锥的结构

丝锥的结构如图 4-72 所示，它由工作部分和柄部组成，其中工作部分又分为切削部分和校准部分，对于手用丝锥，柄部的方榫是用来夹持的。

丝锥的切削部分的前角一般为 $\gamma_0=8° \sim 10°$，后角为 $\alpha_0=6° \sim 8°$，起切削作用。丝锥的校准部分像标准螺纹一样有完整的牙型，用来修光和校准已切除的螺纹，并引导丝锥沿轴向前进。丝锥校准部分的大径、中径、小径均有（$0.05 \sim 0.12$）/100mm 的倒锥，以减小其与螺孔的摩擦，从而减小所攻螺孔的扩张量。

为了制造和刃磨方便，丝锥的容屑槽一般做成直的。有些专用丝锥为了控制排屑方向，丝锥的容屑槽制成螺旋形的，如图 4-73 所示。加工不通孔螺纹时，容屑槽制成右螺旋形的，加工时切屑向上排出；加工通孔螺纹时，容屑槽制成左螺旋形的，加工时切屑向下排出。

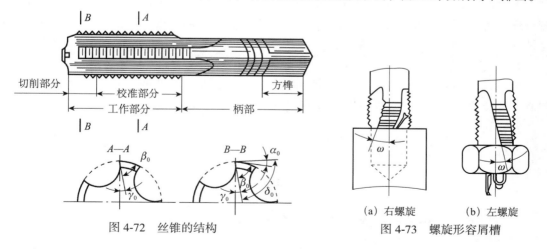

图 4-72　丝锥的结构　　　　　　　　　　（a）右螺旋　　（b）左螺旋
　　　　　　　　　　　　　　　　　　　图 4-73　螺旋形容屑槽

2）丝锥的分类

（1）按使用方法不同。丝锥可分为机用丝锥和手用丝锥两类。机用丝锥通常由高速钢制成，一般是单独一支。手用丝锥由碳素工具钢或合金工具钢制成，一般由两支或者三支组成一组。

（2）按用途分不同。丝锥分为普通螺纹丝锥、圆柱管螺纹丝锥、圆锥管螺纹丝锥、英制螺纹丝锥、梯形螺纹丝锥等，最常用的是前三种丝锥。

普通螺纹丝锥是最常用的一种丝锥，它分粗牙和细牙两种，可用来攻通孔和不通孔螺纹。

圆柱管螺纹丝锥与普通螺纹丝锥外形相仿，但其工作部分较短，可用来攻各种圆柱管螺纹。

圆锥管螺纹丝锥是用来攻圆锥管螺纹的丝锥。其攻螺纹时切削量很大，通常圆锥管螺纹丝锥是两支一套，但也有一支一套的。

3）成组丝锥切削量的分配

为减少切削阻力，延长丝锥的使用寿命，一般将整个切削工作分配给几支丝锥来完成。

通常 M6 ~ M24 的丝锥每组有两支；M6 以下和 M24 以上的丝锥每组有三支；细牙普通螺纹丝锥每组有两支。成组丝锥中，对每支丝锥的分配有以下两种方式。

（a）锥形分配　　　　　　　　（b）柱形分配

图 4-74　成组丝锥切削用量的分配

（1）锥形分配，如图 4-74（a）所示，一组丝锥中，每支丝锥的大径、中径、小径都相等，只是切削部分的切削锥角及长度不等，这种锥形分配切削量的丝锥也叫等径丝锥。当攻制通孔螺纹时，用头锥可一次切削完成，其他丝锥用得则较少。由于头锥可一次攻制成形，切削厚度大，切屑变形严重，加工的表面粗糙度差，同时头锥丝锥的磨损相比也较严重，一般 M12 以下丝锥采用锥形分配。

（2）柱形分配，如图 4-74（b）所示，柱形分配切削量的丝锥也叫不等径丝锥。即头锥、二锥的大径、中径、小径都比三锥小。头锥的大径小，二锥的大径大，切削量分配比较合理，各锥磨损量差别小，使用寿命长。三锥参加少量的切削，所以加工出的表面粗糙度较好。一般 M12 以上的丝锥采用。

4）丝锥标志

每一种丝锥都有相应的标志，对正确使用选择丝锥是很重要的。丝锥上的标志有制造厂商、螺纹代号、丝锥公差带代号、材料代号等内容。

2. 铰杠

铰杠是用来夹持丝锥进行攻丝加工的工具，可分为普通铰杠（图 4-75）和丁字铰杠。

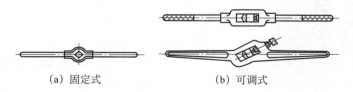

（a）固定式　　　　　　　　　　（b）可调式

图 4-75　普通铰杠

1）普通铰杠

固定式普通铰杠孔尺寸是固定的，使用时要根据丝锥尺寸的大小，来选择不同规格的铰杠。这种铰杠制造方便，成本低，多用于 M5 以下的丝锥。

可调式铰杠的方孔尺寸可以调节，因此应用范围广。常用可调式铰杠的柄长有 150 ～ 600mm 六种规格，以适应不同规格的丝锥（表 4-10）。

表 4-10　可调式铰杠的规格

可调式铰杠的规格 /mm	150	225	275	375	475	600
适用的丝锥范围	M5 ～ M8	>M8 ～ Ml2	>M12 ～ Ml4	>M14 ～ Ml6	>M16 ～ M22	M24 以上

2）丁字铰杠

丁字铰杠适用于在高凸台旁边或箱体内部的攻螺纹。丁字铰杠也有固定式和可调式两种。固定式丁字铰杠（图 4-76（a））可用于夹持大尺寸的丝锥，可调式丁字铰杠是通过一个四爪的弹簧夹头来夹持不同尺寸的丝锥，一般用于 M6 以下的丝锥（图 4-76（b））。

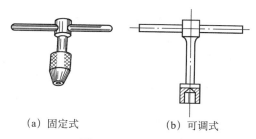

（a）固定式　　　　　　　（b）可调式

图 4-76　丁字铰杠

3. 攻螺纹前底孔直径和深度

1）底孔直径的确定

攻螺纹时，丝锥在切削金属的同时，还有较强的挤压作用，使攻出螺纹的小径小于底孔直径。因此，攻螺纹前的底孔直径应稍大于螺纹小径。否则攻螺纹时因挤压作用，使螺纹牙顶与丝锥牙底之间没有足够的容屑空间，易将丝锥箍住，折断丝锥，在攻塑性较大的材料时尤为严重。但是底孔也不易过大，否则会使螺纹牙型高度不够而降低强度。底孔直径大小，要根据工件材料的塑性及钻孔的扩张量考虑。

（1）在加工钢和塑性较大的材料时，底孔直径的计算公式为

$$D_{\text{孔}} = D - P$$

式中，$D_{\text{孔}}$ 为螺纹底孔直径，mm；D 为螺纹大径，mm；P 为螺距，mm。

（2）在加工铸铁和塑性较小的材料时，底孔直径的计算公式为

$$D_{\text{孔}} = D - (1.05 \sim 1.1)\,P$$

若加工英制螺纹，在攻制前，钻底孔的钻头直径可以从有关手册中查出。

2）攻不通孔螺纹前底孔深度的确定

攻不通孔螺纹时，由于丝锥切削部分有锥角，端部不能切出完整的牙型，所以钻孔深度要大于螺纹的有效深度。一般取：

$$H_{\text{钻}} = h_{\text{有效}} + 0.7D$$

式中，$H_{\text{钻}}$ 为底孔深度，mm；

　　　$h_{\text{有效}}$ 为螺纹有效深度，mm；

　　　D 为螺纹大径，mm。

4. 手攻螺纹的方法

（1）划线，钻底孔。

（2）攻螺纹前螺纹底孔口要倒角，通孔螺纹底孔两端孔口都要倒角，使丝锥容易切入，并防止攻螺纹后孔口的螺纹崩裂。

（3）开始攻螺纹时，应把丝锥放正，用右手掌按住绞杠的中部沿丝锥中心线用力加压（图 4-77（a）），此时左手配合作顺向旋进；或两手握住铰杠两端均匀施加压力，并将丝锥顺时针旋进（图 4-77（b））。应保持丝锥中心线与孔中心重合，不能歪斜。当切工件 1～2 圈时，用目测或角尺检查和校正丝锥的位置（图 4-77（c））。

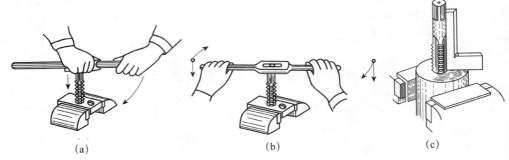

(a)　　　　　　　　　　(b)　　　　　　　　　　(c)

图 4-77　起攻方法

（4）当切削部分全部切入工件时，应停止对丝锥施加压力，只需要自然地旋转绞杠靠丝锥上的螺纹自然旋进。为了避免切屑过长咬住丝锥，攻螺纹时应经常将丝锥反方向转动 1/4～1/2 圈，使切屑碎断后容易排出，避免因切屑堵塞而使丝锥卡住。

5. 攻丝注意事项

（1）攻螺纹时必须按头锥、二锥、三锥的顺序攻削，以减小切削负荷，防止丝锥折断。

（2）攻盲孔时应在丝锥上做上标记，攻时应经常退出丝锥，排除孔中切屑，避免因切屑堵塞使丝锥折断或攻丝深度不够。清理孔中切屑时，不能直接用嘴吹，可将工件倒过来，如图 4-78 所示。对于无法倒向时，可用小弯管吹出或用磁性针棒将其吸出。

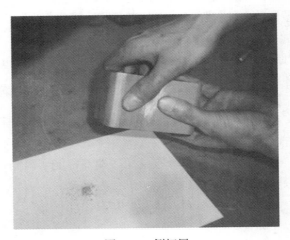

图 4-78　倒切屑

（3）攻通孔时，丝锥的校准部分不要全部攻出，避免扩大或损坏孔口最后几道螺纹。

（4）攻韧性材料的螺纹孔时，要加切削液，降低切削阻力，提高螺纹质量，延长丝锥寿命。攻钢件时可用机油作为切削液，螺纹质量要求高时可用工业植物油；攻铸铁件时可用煤油。

6. 质量分析

攻丝时产生废品的原因和防止方法，见表 4-11。

表 4-11 攻丝时产生废品的原因及防止方法

序号	废品形式	产生原因	防止方法
1	螺纹乱扣、断裂、撕破	（1）底孔直径太小，丝锥攻不进，使孔口乱扣； （2）头锥攻过后，攻二锥时放置不正。头、二锥中心不重合； （3）螺孔攻歪斜很多，而用丝锥强行"借"仍借不过来； （4）低碳钢及塑性好的材料，攻丝时没有冷却润滑液； （5）丝锥切削部分磨钝； （6）手攻时，铰杠掌握不正，丝锥左右摇摆； （7）丝锥刀刃上有积屑瘤； （8）丝锥没有经常倒转，切屑堵塞； （9）攻不通孔螺纹时，到底后仍强攻	（1）认真检查底孔，选择合适的底孔钻头，将孔扩大再攻丝； （2）先用手将二锥旋入螺孔内，使头、二锥中心重合； （3）保持丝锥与底孔中心一致，操作中两手用力均衡，偏斜太多不要强行借正； （4）应选用冷却润滑液； （5）将丝锥后角修磨锋利； （6）两手握住铰杠用力要均匀，不得左右摇摆； （7）用油石磨掉积屑瘤； （8）丝锥每旋进 1～2 圈，回转 1/2 圈，切断切屑； （9）攻不通孔螺纹时，在丝锥上做出标记，到标记后停止攻丝
2	螺纹偏斜	（1）丝锥与工件端平面不垂直； （2）铸件内有较大砂眼或夹渣； （3）攻丝时两手用力不均衡，倾向于一侧； （4）机攻时，丝锥与螺纹底孔轴线不重合	（1）起削时要使丝锥与工件端平面成垂直，要注意检查与校正； （2）攻丝前注意检查底孔，如砂眼太大或有夹渣，不宜攻丝； （3）要始终保持两手用力均衡，不要摆动； （4）钻完底孔不改变钻床主轴与工件的位置，直接攻丝
3	螺纹牙高不够	（1）攻丝底孔直径太大； （2）丝锥磨损	（1）正确计算与选择攻丝底孔直径与钻头直径； （2）修磨或更换丝锥

二、套螺纹

用板牙在圆柱面（或外圆锥面）上切削出外螺纹的加工方法称为套丝（套螺纹）。

1. 套丝工具及其使用

1）板牙

（1）圆板牙。圆板牙（图 4-79）外形像一个圆螺母，由切削部分、校准部分、排屑孔组成。圆板牙外圆柱面上分布着若干个用于装卡螺钉或调整螺钉的锥孔。

切削部分是圆板牙两端有切削锥角的部分，它不是圆锥面，而是一个经铲磨而形成的阿基米德螺旋面，能形成后角。

圆板牙中间一段是校准部分，也是套螺纹时的导向部分。圆板牙两端都有切削部分，一端磨损后，可换另一端使用。

（2）管螺纹板牙。管螺纹板牙分为圆柱管螺纹板牙和圆锥管螺纹板牙。圆柱管螺纹板牙与圆板牙相似，圆锥管螺纹板牙，只在单面制成切削部分，故只能单面套丝，而且所有的切削刃都参加切削，所以切削时很费力。

2）板牙架（图 4-80）

板牙架用于装夹圆板牙，板牙装入后，用螺钉将其紧固。

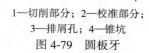

1—切削部分；2—校准部分；
3—排屑孔；4—锥坑
图 4-79 圆板牙

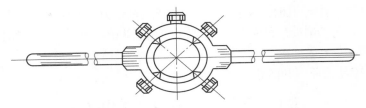

图 4-80　板牙架

2. 套丝的步骤和方法（以圆杆套丝为例）

（1）倒角。圆杆端部倒角，倒成圆锥半角为 15°～20° 的圆锥体，以便使圆板牙起套时容易切入工件并作正确引导，如图 4-81 所示。

（2）装夹工件。圆杆应装夹在用 V 型夹块或软金属（如铜皮）制成的垫中夹紧，以防圆杆夹持偏斜或夹出痕迹，如图 4-82 所示。

图 4-81　圆杆顶部倒角

图 4-82　装夹工件

（3）起套。板牙端面垂直于圆杆轴线方向接触工件，用一只手掌按住圆板牙中部，沿圆杆轴向施加压力，另一只手配合做顺时针（右旋螺纹）方向旋进，转动要慢，压力要大，如图 4-83 所示。

（4）套丝。当圆板牙切入圆杆 1～2 圈时，应检查和校正板牙与圆杆的相对位置，使板牙端面垂直于圆杆轴线方向。当圆板牙切入圆杆 3～4 圈时，停止施加压力，让板牙自然旋进，如图 4-84 所示。

（5）断屑（图 4-85）。在套丝过程中，应经常让圆板牙倒转 1/4～1/2 圈进行断屑，以免切屑过长。

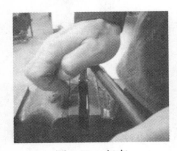

图 4-83　起套

图 4-84　套丝

图 4-85　断屑

（6）起板牙。当套丝长度达到要求后，将圆板牙倒转旋出，如图 4-86 所示。

（a）倒转板牙　　　　　　　　　　　　（b）双手取出板牙

图 4-86　起板牙

3. 套丝注意事项

（1）套丝前工件圆杆直径应合适。用圆板牙在工件上套丝时，材料因挤压而变形，螺纹牙顶会升高。因此圆杆直径应小于螺纹大径，一般圆杆直径可按下面的公式计算得出：

$$D=d-0.13P$$

式中，D 为工件圆杆直径，mm；d 为螺纹公称直径，mm；P 为螺距，mm。

工件圆杆直径也可查相关手册得出。

（2）套丝时应适当加注切削液（如机油、植物油等），降低切削阻力，提高螺纹质量，延长板牙寿命。切削液选择可查相关手册。

（3）在套 12mm 以上螺纹时，一般采用可调节板牙分 2～3 次套成，避免扭裂和损坏板牙，又能保证螺纹质量，减小切削阻力。

4. 质量分析

套丝时产生废品的原因及防止方法，具体情况见表 4-12。

表 4-12　套丝时产生废品的原因及防止方法

序号	废品形式	报废原因	防止方法
1	烂牙（乱扣）	（1）对低碳钢等塑性好的材料套丝时，未加润滑冷却液，板牙把工件上螺纹粘去一部分 （2）被加工的圆杆直径太大 （3）套丝时板牙一直不反转，切屑堵塞，啃坏螺纹 （4）板牙歪斜太多，在借正时造成烂牙	（1）对塑性材料套丝时一定要加适合的润滑冷却液 （2）把圆杆加工到合适的尺寸 （3）板牙正转 1～1.5 圈后，就要反转 1/4～1/2 圈，使切屑断裂 （4）套丝时板牙端面要与圆杆轴线垂直，并经常检查。发现略有歪斜，就要及时借正
2	螺纹一边深一边浅	（1）圆杆端头倒角没倒好，使板牙端面与圆杆放不垂直 （2）板牙套丝时，两手用力不均匀，使板牙端面与圆杆不垂直	（1）圆杆端头要按图 5-13 所示倒角，四周斜角要大小一样 （2）套丝时两手用力要均匀，要经常检查板牙端面与圆杆是否垂直，并及时纠正
3	螺纹中径太小（齿牙太瘦）	（1）套丝时绞杠摆动，多次借正，造成螺纹中径小了 （2）板牙切入圆杆后，还用力压板牙铰杠 （3）活动板牙、开口后的圆板牙尺寸调节得太小	（1）套丝时，板牙铰杠要握稳 （2）板牙切入后，只要均匀使板牙旋转即可，不能再加力下压 （3）活动板牙、开口后的圆板牙要用样柱来调整好尺寸
4	螺纹太浅	（1）圆杆直径太小 （2）活动板牙、开口调节得太大	（1）圆杆直径要在规定的范围内 （2）活动板牙、开口后的圆板牙要用样柱来调整好尺寸

任务 6　刮削

任务目标：

（1）掌握刮削使用工具的用途。

（2）了解刮削原理。

（3）掌握平面刮削的方法和步骤。

用刮刀刮除工件表面薄层的加工方法称为刮削。

一、刮削概述

1. 刮削原理

刮削是在工件与校准工具或与其相配合的工件之间涂上一层显示剂，经过对研，使工件上较高的部位显示出来，然后用刮刀对其进行微量刮削。刮削的同时，刮刀对工件还有推挤和压光的作用，这样反复地显示和刮削就能使工件的加工表面达到预定的要求。

2. 刮削的特点及应用

刮削具有切削量小、切削力小、产生热量小、装夹变形小等特点，不存在车削、铣削、刨削等机械加工中不可避免的振动、热变形等因素，所以能获得较高的尺寸精度、形状和位置精度、接触精度、传动精度和较小的表面粗糙度值。

在刮削过程中，由于工件多次受到刮刀的推挤和压光作用，从而使工件表面组织变得比原来紧密，表面粗糙度值较小。

刮削后的工件表面还能形成比较均匀的微浅凹坑，可创造良好的存油条件，改善了相对运动零件之间的润滑情况。

因此，机床导轨、滑行面及与滑动轴承接触的面，工、量具的接触面和密封表面等，经机械加工后通常用刮削方法再进行加工。

3. 刮削余量

由于每次刮削只能刮去很薄的一层金属，刮削操作的劳动强度又很大，所以要求在机械加工后留下的刮削余量不宜太大，一般为 0.05 ～ 0.4mm，其具体数值见表 4-13。

表 4-13　刮削余量（mm）

平面刮削余量					
平面宽度	平面长度				
	100 ～ 500	>500 ～ 1000	>1000 ～ 2000	>2000 ～ 4000	>4000 ～ 6000
100 以下	0.10	0.15	0.20	0.25	0.30
100 ～ 500	0.15	0.20	0.25	0.30	0.40

在确定刮削余量时，还应考虑工件刮削面积的大小。面积大时余量大，刮削前加工误差大时，余量应大些，工件结构刚度低时余量也应大些。留有合适的余量，经过反复刮削才能达到尺寸精度及形状和位置精度的要求。

二、刮削工具

1. 平面刮刀

刮刀是刮削的主要工具。刮削时，由于工件的形状不同，因此要求刮刀有不同的形式。

平面刮刀用于刮削平面和刮花，一般多采用碳素工具钢 Tl2A 或耐磨性较好的滚动轴承钢 GCr15 锻造，并经热处理淬硬和磨制而成。当工件表面较硬时，也可以焊接高速钢或硬质合金刀头。常用的平面刮刀有直头刮刀和弯头刮刀两种，如图 4-87 所示。

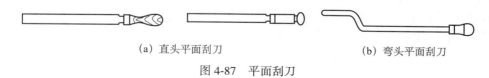

(a) 直头平面刮刀　　　　　　　　　　(b) 弯头平面刮刀

图 4-87　平面刮刀

刮刀头部形状和角度如图 4-88 所示。

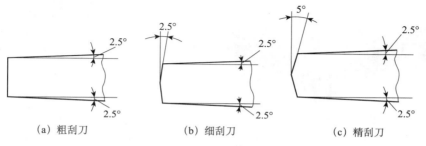

(a) 粗刮刀　　　　　　(b) 细刮刀　　　　　　(c) 精刮刀

图 4-88　刮刀头部形状和角度

2. 校准工具

校准工具是用来推磨显示研点和检查被刮削面准确性的工具，也叫研具。常用的校准工具有校准平板（通用平板见图 4-89）、校准直尺、角度直尺以及根据被刮削面形状设计和制造的专用校准型板等。

3. 显示剂

工件和校准工具对研时，所加的涂料称为显示剂，其作用是显示工件误差的位置和大小。

1）显示剂的种类

（1）红丹粉。红丹粉分铅丹（氧化铅，呈橘红色）和铁丹（氧化铁，呈红褐色）两种，颗粒较细，用机油调和后使用，广泛用于钢和铸铁工件。

（2）蓝油。蓝油是用蓝粉和蓖麻油及适量机油调和而成的，呈深蓝色，其显示的研点小而清楚，多用于精密工件和有色金属及其合金的工件。

2）显示剂的用法

刮削时，显示剂可以涂在工件表面上，也可以涂在校准件上。前者在工件表面显示的结果是红底黑点，没有闪光，容易看清，适合精刮时选用。后者只在工件表面的高处着色，研点暗淡，不易看清，但切屑不易黏附在刀刃上，刮削方便，适用于粗刮时选用。

在调和显示剂时应注意：粗刮时可调得稀些，这样在刀痕较多的工件表面上便于涂抹，显示的研点也大；精刮时应调得稠些，涂抹要薄而均匀，这样显示的研点细小，否则，研点会模糊不清。

　　3）显点方法

　　显点的方法应根据工件的形状不同和刮削面积的大小有所区别。

三、刮削精度的检验

　　刮削精度包括尺寸精度、形状和位置精度、接触精度及贴合程度、表面粗糙度等。

　　对刮削质量最常用的检查方法是将被刮削面与校准工具对研后，用边长为 25mm 的正方形方框罩在被检查面上，根据方框内的研点来决定接触精度，平面刮削质量检验如图4-90 所示。各种平面接触精度的研点数见表 4-14。

图 4-89　校准平板

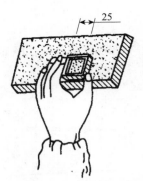

图 4-90　平面刮削质量检验

表 4-14　各种平面接触精度的研点数

平面种类	每 25mm×25mm 内的研点数	应 用
一般平面	2～5	较粗糙机件的固定结合表面
	>5～8	一般结合面
	>8～12	机器台面、一般基准面、机床导向面、密封结合面
	>12～16	机床导轨及导向面、工具基准面、量具接触面
精密平面	>16～20	精密机床导轨、钢直尺
	>20～25	1 级平板、精密量具
超精密平面	>25	0 级平板、高精度机床导轨、精密量具

　　大多数刮削平面还有平面度和直线度的要求。工件平面大范围的平面度、机床导轨面的直线度等误差可以用框式水平仪检查。

　　有些工件（如导轨配合面）除了用方框检查研点数，还要用塞尺检查配合面之间的间隙大小。

四、平面刮削

　　1. 刮削前的准备工作

　　（1）工作场地的选择。刮削场地的光线应适当，太强或太弱都可能看不清研点。

　　（2）工件的支承。工件必须安放平稳，使刮削时不产生摇动。

　　（3）工件的准备。应去处工件刮削面毛刺，锐边要倒角，以防划伤手指，擦净刮削面上油污，以免影响显示剂的涂布和显示效果。

（4）刮削工具的准备。根据刮削要求应准备所需的粗、细、精刮刀及校准工具和有关量具等。

2. 平面刮削的姿势

刮削前首先要熟悉刮削操作的姿势，常用的平面刮削姿势有两种：挺刮法和手刮法。

1）挺刮法

图 4-91（a）所示为挺刮法的姿势，将刮刀柄放在小腹右下侧肌肉处，双手并拢握在刮刀前部距刀刃约 80mm 处（左手在前，右手在后）。刮削时，刮刀对准研点，左手下压，利用腿部和臀部力量使刮刀向前推挤，在推动到位的瞬间，右手引导刮削方向，左手立即将刮刀提起，完成一次刮点动作。

挺刮法每刀切削量较大，适合大余量的刮削，工作效率较高，但腰部易疲劳。

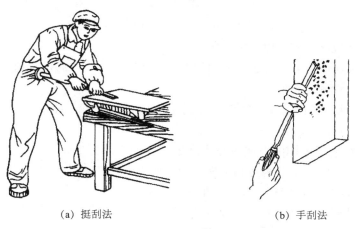

(a) 挺刮法　　　　　　(b) 手刮法

图 4-91　平面刮削的姿势

2）手刮法

图 4-91（b）所示，右手握刀柄，左手握住刮刀近头部约 50mm 处。同时，左脚前跨，上身随着往前倾斜，这样可以增加左手的压力，也容易看清刮刀前面研点的情况。刮削时右臂利用上身摆动向前推，左手下压，当推进到所刮削的位置时，左手迅速提起，完成一个手刮动作。

这种刮削方法动作灵活、适应性强，应用于各种工作位置，对刮刀长度要求不太严格，姿势可以合理掌握，但是手较易疲劳，故不宜在加工余量较大的场合采用。

综上所述，挺刮法刮削量大，手刮法灵活性大，可根据工件刮削面的大小和高低情况采用某种刮法或者混合使用，来完成刮削。

3. 平面刮削的步骤

平面刮削有单个平面刮削（如平板、工作台面等）和组合平面刮削（如 V 形导轨面、燕尾槽面等）两种。

平面刮削一般要经过粗刮、细刮、精刮和刮花等过程。

粗刮是用粗刮刀在刮削面均匀地铲去一层较厚的金属，可以采用连续推铲的方法，刀迹要连成长片。粗刮能很快地去除刀痕、锈斑或过多的余量。当粗刮到每 25mm×25mm 的方框内有 2～3 个研点时，即可转入细刮。

细刮是用细刮刀在刮削面上刮去稀疏的大块研点（俗称破点），目的是进一步改善表

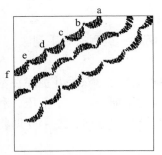

图 4-92　刮花的花纹－半月花纹

面不平现象。细刮时采用短刮法，刀痕宽而短，刀迹长度均为刀刃宽度，而且随着研点的增多，刀迹逐步缩短。每刮一遍时，须按同一方向刮削（一般要与平面的边成一定角度），刮第二遍时要交叉刮削，以消除原方向的刀迹。在整个刮削面上达到 12 ～ 15 点 /（25mm × 25mm）时，细刮结束。

　　精刮就是用精刮刀更仔细地刮削研点（俗称摘点），目的是增加研点，改善表面质量使刮削面符合精度要求。精刮时采用点刮法（刀迹长度约为 5mm）。刮削面越窄小，精度要求越高，刀迹越短。精刮时，更要注意压力要轻，提刀要快，在每个研点上只刮一刀，不要重复刮削，并始终交叉地

进行刮削。当研点增加到 20 点 /（25mm × 25mm）以上时，精刮结束。注意交叉刀迹的大小应该一致，排列应该整齐，以增加刮削面的美观。

　　刮花是在刮削面或机器外观表面上用刮刀刮出装饰花纹，目的是使刮削面美观，并使滑动件之间形成良好的润滑条件。

　　常见刮花的花纹有斜花纹、鱼鳞花纹、半月花纹（图 4-92）等。

4. 原始平板刮削法

（1）刮削原始平板采用的方法一般为渐近法，即不用标准平板，而以 3 块（或 3 块以上）平板依次循环互研互刮，来达到平板平面度要求。

（2）刮削的步骤按图 4-93 所示顺序进行。

（3）研点方法是先直研（纵向、横向）以消除纵横起伏误差，通过几次循环刮削，达到各平板显点一致，然后必须采用对角刮研以消除平面的扭曲误差，直到直研和对角研时 3 块平板显点一致。

（4）一般平板按接触精度分级，以每 25mm × 25mm 的方框内 25 点以上为 0 级平板，25 点为 1 级平板，20 点以上为 2 级平板，16 点以上为 3 级平板。

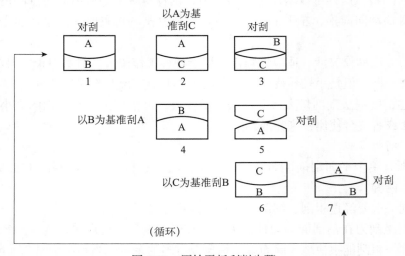

图 4-93　原始平板刮削步骤

五、平面刮刀的刃磨

（1）粗磨。粗磨时分别将刮刀两平面贴在砂轮侧面上，开始时应先接触砂轮边缘，再慢慢平放在侧面上，不断地前后移动进行刃磨，使两面都磨平整，在刮刀全宽上用肉眼看不出有显著的厚薄差别。然后粗磨顶端面，把刮刀的顶端放在砂轮轮缘上平稳地左右移动刃磨，要求端面与中心线垂直，应先以一定倾斜度与砂轮接触，再逐步按图示箭头方向转动至水平。如直接按水平位置靠上砂轮，刮刀会颤抖不易磨削，甚至会出事故。如图 4-94所示为刮刀在砂轮上的粗磨。

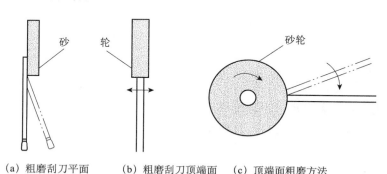

（a）粗磨刮刀平面　　　（b）粗磨刮刀顶端面　　（c）顶端面粗磨方法

图 4-94　刮刀在砂轮上的粗磨

（2）细磨。热处理后的刮刀要在细砂轮上细磨，基本达到刮刀的形状和角度要求。刃磨刮刀时必须经常蘸水冷却，避免刀口部分退火。

（3）精磨。刮刀的精磨（图 4-95）须在油石上进行。操作时在油石上加适量机油，然后将刀头平面平贴在油石上来回移动，如图 4-95（a）所示，至平面光整为止。精磨刮刀顶端时（图 4-95（b）），应用右手握住刀身头部，左手扶住刀柄，使刮刀直立在油石上，然后右手用力向前推移。在拉回时，刀身应略微提起一些，使刀头与油石脱离，以免磨损刀刃。

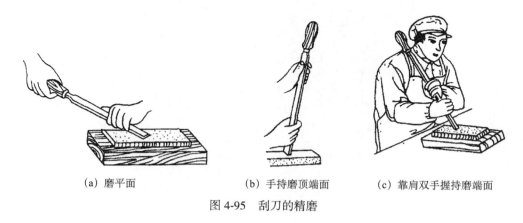

（a）磨平面　　　　　（b）手持磨顶端面　　　（c）靠肩双手握持磨端面

图 4-95　刮刀的精磨

项目三　钳工技能训练

任务 1　六角螺母的加工

任务目标:

（1）练习锯削、锉削技能。

（2）掌握划线方法。

（3）正确使用游标高度尺、万能角度尺。

（4）初步掌握角度件、孔及螺纹的加工方法。

一、钳工训练（一）

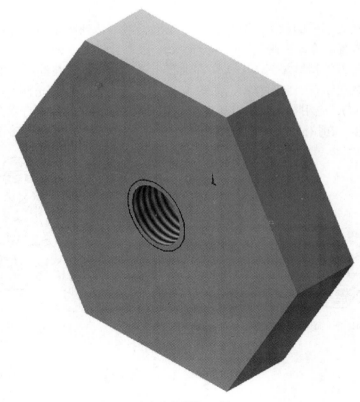

（a）六角螺母 3D 图

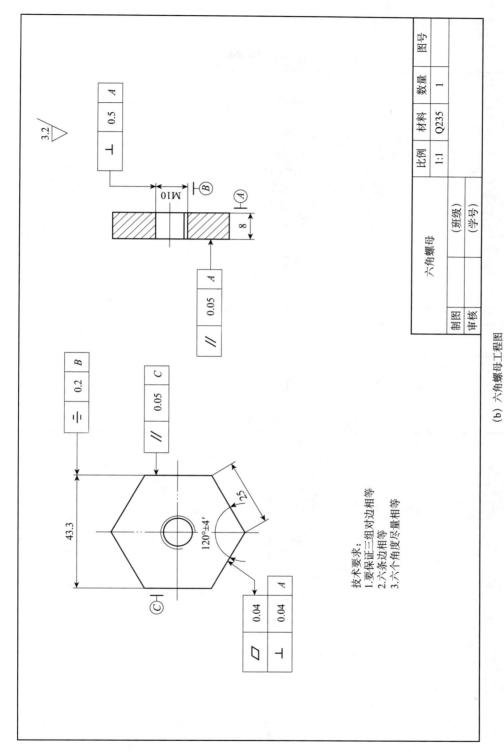

技术要求:
1.要保证三组对边相等
2.六条边相等
3.六个角度尽量相等

(b) 六角螺母工程图

图 4-96　六角螺母

二、工艺分析（表 4-15）

表 4-15 机械加工工艺过程卡片

钳工实训基地		工艺卡片		产品型号		零件图号		4-96			
				产品名称		零件名称	六角螺母		共 页		第 页
材料牌号	Q235	毛坯种类	钢板	毛坯外形尺寸	45mm×55mm×8mm		毛坯件数	1		每台件数	1
工序号	工序名称		工序内容		工段	设备		工时		备注	
								准终	单件		
1	下料		下料			剪					
2	钳工		钳工加工六角螺母			钳工设备					
3	检验										
4	入库										
签字		日期标记	处数	更改文件号		设计（日期）	校对（日期）	审核（日期）	标准化（日期）		会签（日期）

三、工、量、刃具准备清单（表 4-16）

表 4-16 工、量、刃具准备清单

工量刃具准备清单			产品名称			产品型号	
			零件名称	六角螺母		零件编号	4-96
时间			件数			图纸编号	
材料			下料尺寸			指导教师	
类别	序号		名称	规格或型号		精度	数量
量具	1		游标卡尺	0～150mm		0.02mm	每组1把
	2		万能角度尺				1把
	3		刀口形直角尺				每组1把
	4		直尺	0～300mm			每人1把
刃具	1		麻花钻	φ8.6mm			1
	2		丝锥	M10mm			1套
操作工具及设备	1		钳工台				每组1台
	2		台虎钳				每人1台
	3		钻床				2
	4		划线平台				2
	5		可调铰杠				1
	6		锉刀	300mm 粗、细齿			每人1套
	7		锯弓	300mm			每人1把
	8		游标高度尺	0～300mm		0.02mm	2把

四、零件钳工加工工序卡的制定

依据六角螺母加工示意图（图 4-97）制定六角螺母钳工加工工序卡见表 4-17。

表4-17　钳工加工工序卡片

		工序卡片	产品代号 台式虎钳		零部件名称 六角螺母	零部件代号名称 4-96		工序号 2
		设备 名称 台式钻床 / 型号		名称 代号			工序名称 钳工	

材料 Q235	工步内容	工具		刀具			量具	
		名称	规格	名称及规格	主轴转数 n	进给速度 f	名称及规格	
1	检查来料尺寸,备料:45mm×55mm(±0.1)						0~150mm游标卡尺	
2	加工1面,保证平面度0.04mm,与大平面A的垂直度为0.04mm	粗、细锉刀	300mm				刀口形直角尺	
3	加工2面,保证平面度0.04mm,与大平面A的垂直度为0.04mm,并且与1面垂直,保证垂直度	粗、细锉刀	300mm				刀口形直角尺	
4	划出所有线条(以1面和2面为基准):21.6mm,43.3mm,12.5mm,37.5mm,50mm;并在中心位置打上样冲眼	游标高度尺 / 手锤、样冲	0~300mm / 0.5磅					
5	加工3面,保证平面度0.04mm,与大平面的垂直度为0.04mm,且与1面保持平行	粗、细锉刀	300mm				刀口形直角尺 游标卡尺	
6	加工4面,保证平面度0.04mm,与大平面的垂直度为0.04mm,3面与4面的夹角为120°	锯弓 / 粗、细锉刀	300mm / 300mm				刀口形直角尺 万能角度尺	
7	加工5面,保证平面度0.04mm,与大平面的垂直度为0.04mm,4面与5面的边长相等且夹角为120°	锯弓 / 粗、细锉刀	300mm / 300mm				刀口形直角尺 万能角度尺 游标卡尺	
8	加工6面,保证4面平行且尺寸为43.3mm,与1面的夹角是120°	锯弓 / 粗、细锉刀	300mm / 300mm				刀口形直角尺 万能角度尺 游标卡尺	

冷加工实训教程

· 172 ·

续表

工步	工步内容	工具 名称	规格	刀具 名称及规格	主轴转数 n	进给速度 f	量具 名称及规格
9	加工 7 面，保证与 5 面平行且尺寸为 43.3mm，与 3 面的夹角是 120°，并且与 6 面的边长相等	锯弓 粗、细锉刀	300mm 300mm				刀口形直角尺 万能角度尺 游标卡尺
10	钻 φ8.6mm 底孔，攻 M10 螺纹孔	钻床 铰杠		φ8.6mm 麻花钻 M10 丝锥	480r/min	手动 手动	
11	检查尺寸，去毛刺						

| 更改 | 标记 | 处数 | | | 日期 | | | | 标记 | 处数 | | | 日期 | |

共 5 页

第 4 页

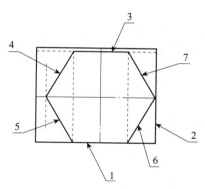

图 4-97　六角螺母加工示意图

五、六角螺母的检测（表 4-18）

表 4-18　六角螺母的检测

序号	检测项目	配分	评分标准	检测结果	得分
1	43.3 ± 0.08	2 × 3（处）	超差处扣本处分		
2	120° ± 4′	2 × 6（处）	超差处扣本处分		
3	25 ± 0.08	2 × 6	超差处扣本处分		
4	Ra3.2	2 × 6	升高一级扣 2 分		
5	// | 0.05 | C	2 × 3	超差处扣本处分		
6	▱ | 0.04	2 × 6	超差处扣本处分		
7	// | 0.05 | A	2 × 3	超差处扣本处分		
8	⊥ | 0.05 | A	2 × 3	超差处扣本处分		
9	= | 0.2 | B	2 × 3	超差处扣本处分		
10	⊥ | 0.04 | A	6	不符合要求不得分		
11	M10-7H	6	不符合要求不得分		
12	文明生产	10	视工器具摆放及规范安全操作酌情扣分		

任务2　孔类零件的钳工加工

任务目标:

（1）熟练掌握锯削、锉削技能。

（2）能根据图纸正确划线。

（3）掌握曲面的锉削及检测方法。

（4）强化钻孔、攻丝加工方法。

一、钳工训练（二）

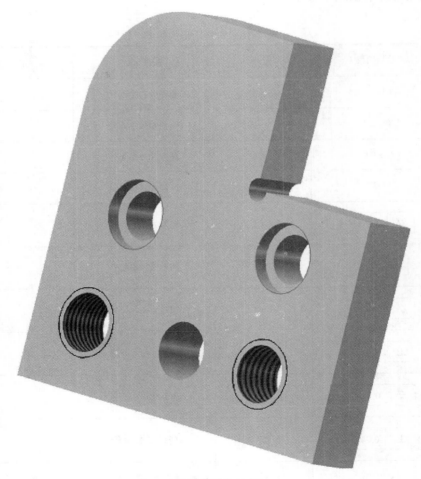

（a）孔类零件3D图

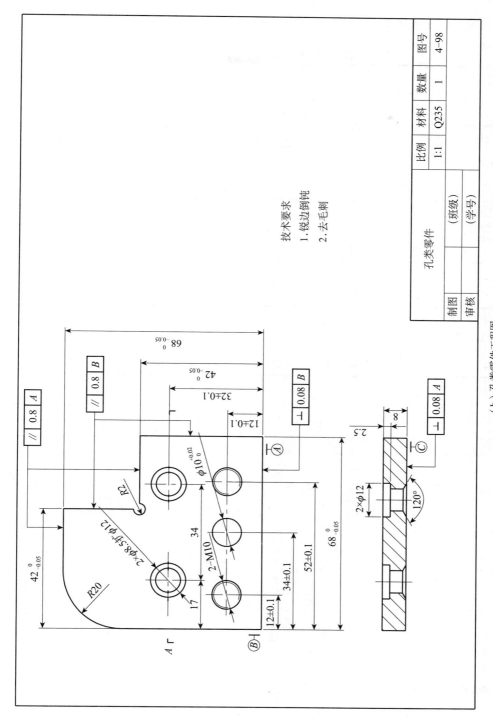

（b）孔类零件工程图

图 4-98　孔类零件

二、工艺分析（表 4-19）

表 4-19　机械加工工艺过程卡片

钳工实训基地		工艺卡片			产品型号		零件图号	4-98			
					产品名称		零件名称	孔类零件	共 页	第 页	
材料牌号	Q235	毛坯种类	钢板	毛坯外形尺寸	75mm×75mm×8mm		毛坯件数	1	每台件数	1	
工序号	工序名称	工序内容				工段	设备	工时		备注	
								准终	单件		
1	下料	下料					剪				
2	钳工	钳工加工孔类零件					钳工设备				
3	检验										
4	入库										
签字		日期标记	处数	更改文件号		设计（日期）	校对（日期）	审核（日期）	标准化（日期）	会签（日期）	

三、工、量、刃具准备清单（表 4-20）

表 4-20　工、量、刃、具准备清单

	工量刃具准备清单		产品名称			产品型号	
			零件名称	孔类零件		零件编号	4-98
时间			件数			图纸编号	
材料			下料尺寸			指导教师	
类别	序号	名称		规格或型号		精度	数量
量具	1	游标卡尺		0～150mm		0.02mm	每组1把
	2	千分尺		50～75mm		0.01mm	每组1把
	3	刀口形直角尺					每组1把
	4	直尺		0～300mm			每人1把
	5	R规					2
刃具	1	麻花钻		φ4mm、φ8.6mm、φ9.8mm、φ12mm			各1支
	2	丝锥		M10mm			1套
	3	铰刀		φ10mm			2
	4	锪孔钻					1
操作工具及设备	1	钳工台					每组1台
	2	台虎钳					每人1台
	3	台式钻床					2
	4	划线平台					2
	5	可调铰杠					2
	6	锉刀		300mm（粗、中、细）			每人1套
	7	锯弓		300mm			每人1把
	8	游标高度尺		0～300mm		0.02mm	2把
	9	划规					每人1把
	10	手锤、样冲					每人1套

四、孔类零件钳工工序卡片的制定（表 4-21）

表4-21　钳工工序卡片

	工序卡片		产品代号			零部件名称	零部件代号名称		工序号		2
	设备	名称	合式钻床	名称	合式虎钳	孔类零件	4-98		工序名称		钳工
材料		型号		代号	夹具						
Q235	工步内容				工具		刀具			量具	
				名称	规格	名称及规格	主轴转数n	进给速度f	名称及规格		
1	检查来料尺寸 75mm×75mm×8mm								0~150mm 游标卡尺		
2	锉削面A，保证自身平面度、直线度为0.08mm，表面粗糙度为Ra3.2，并保证C面的垂直度为0.08mm			粗、中、细锉刀	300mm				刀口形直角尺		
3	以面A为基准，锉削B面，保证与A、C面垂直度为0.08mm，自身平面度、直线度为0.08mm，表面粗糙度为Ra3.2			粗、中、细锉刀	300mm				刀口形直角尺		
4	以面A，B为基准划 $68_{-0.05}^{0}$mm × $68_{-0.05}^{0}$mm 尺寸线，$42_{-0.05}^{0}$mm × $42_{-0.05}^{0}$mm 尺寸线			游标高度尺 手锤、样冲	0~300mm 0.5磅						
5	钻φ4mm工艺孔			合式钻床		φ4mm麻花钻	800r/min	手动			
6	锯削多余材料，留锉削余量0.5~1.2mm			锯弓	300mm						
7	锉削保证 $68_{-0.05}^{0}$mm × $68_{-0.05}^{0}$mm，$42_{-0.05}^{0}$mm × $42_{-0.05}^{0}$mm，用游标卡尺和千分尺配合测量			粗、中、细锉刀	300mm				游标卡尺 千分尺		
8	划R20尺寸线，锯削余量，用滚锉法锉削保证			划规 锯弓 粗、细锉刀	300mm 300mm				R规		
9	划各钻孔线，并按孔直径划方框拦住，钻各孔 2×φ8.6mm，φ9.8mm，扩 2×φ12mm，锪孔120°，保证精度要求			游标高度尺 手锤、样冲 合式钻床	0~300mm 0.5磅	φ8.6mm， φ9.8mm、φ12mm麻花钻、锪孔钻	480r/min	手动			

续表

工步内容		工具		刀具			量具	
		名称	规格	名称及规格	主轴转数 n	进给速度 f	名称及规格	
10	攻 2 × M10 螺纹；（思考螺纹底孔计算）	铰杠		M10 丝锥		手动		
11	铰 ϕ9.8mm 孔至尺寸	铰杠		ϕ10mm 铰刀		手动		
12	复检各尺寸，锐边倒钝、去毛刺							
								共 5 页
更改								第 4 页
标记	处数		日期		标记	处数	日期	

五、孔类零件的检测（表 4-22）

表 4-22　孔类零件的检测

序号	检测项目	配分	评分标准	检测结果	得分
1	12 ± 0.1mm $\times$ 12 ± 0.1mm 位置孔	5	超差不得分		
2	34 ± 0.1mm $\times$ 12 ± 0.1mm 位置孔	5	超差不得分		
3	52 ± 0.1mm $\times$ 12 ± 0.1mm 位置孔	5	超差不得分		
4	52 ± 0.1mm $\times$ 32 ± 0.1mm 位置孔	5	超差不得分		
5	孔距 34mm $\pm$ 0.08mm	5	超差不得分		
6	$68^{0}_{-0.05}$mm $\times$ $68^{0}_{-0.05}$mm	5	超差不得分		
7	$42^{0}_{-0.05}$mm	4	超差处扣本处分		
8	$R20 \pm 0.08$mm	4	超差不得分		
9	$\phi8.5$mm 扩 $\phi12$mm 孔	4 × 2（处）	超差处扣本处分		
10	沉孔 2.5mm	2 × 2（处）	超差处扣本处分		
11	锪孔 120°	2 × 2（处）	超差处扣本处分		
12	// 0.08 A	3 × 2（处）	超差处扣本处分		
13	// 0.08 B	3 × 2（处）	超差处扣本处分		
14	⊥ 0.08 B	3 × 2（处）	超差处扣本处分		
15	M10-H7	6	超差不得分		
16	锐角倒钝、去毛刺	4	酌情扣分		
17	表面粗糙度 $Ra3.2\mu$m	8	升高一级扣 2 分		
18	安全文明生产	10	视工器具摆放及规范安全操作酌情扣分		

任务3　套配件的钳工加工

任务目标:

（1）巩固锯削、锉削技能，提高锉削精度。

（2）掌握套配件加工方法。

（3）配件尺寸及形状位置公差精度的保证。

一、钳工训练（三）

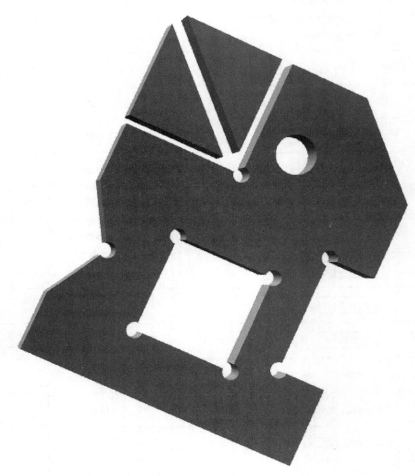

（a）配套件 3D 图

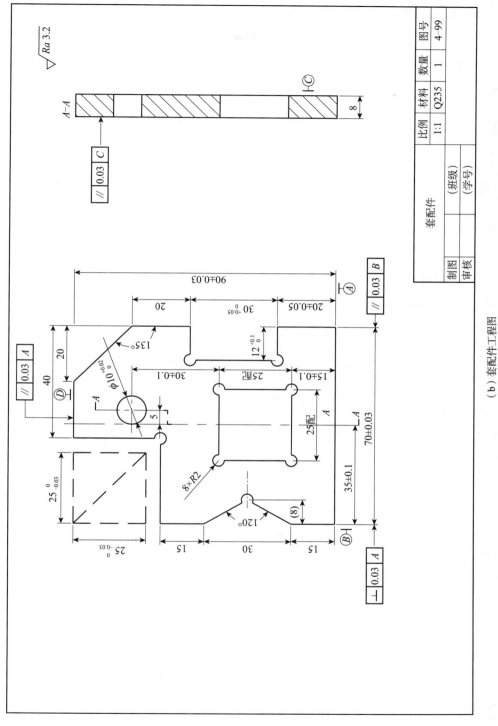

（b）套配件工程图

图 4-99　套配件

二、工艺分析（表 4-23）

表 4-23　机械加工工艺过程卡

钳工实训基地		工艺卡片		产品型号		零件图号		4-99			
				产品名称		零件名称		套配件	共　页		第　页
材料牌号	Q235	毛坯种类	钢板	毛坯外形尺寸	100mm×75mm×8mm	毛坯件数		1	每台件数		1
工序号	工序名称	工序内容			工段	设备		工时		备注	
							准终	单件			
1	下料	下料				剪					
2	钳工	钳工加工套配件				钳工设备					
3	检验										
4	入库										
签字		日期标记	处数	更改文件号		设计（日期）	校对（日期）	审核（日期）	标准化（日期）		会签（日期）

三、工、量、刃具准备清单（表 4-24）

表 4-24　工、量、刃、具准备清单

工量刃具准备清单		产品名称			产品型号	
		零件名称	套配件		零件编号	4-99
时间		件数			图纸编号	
材料		下料尺寸			指导教师	
类别	序号	名称	规格或型号		精度	数量
量具	1	游标卡尺	0～150mm		0.02mm	每组1把
	2	千分尺	50～75mm、75～100mm		0.01mm	每组1把
	3	刀口形直角尺				每组1把
	4	直尺	0～300mm			每人1把
刃具	1	麻花钻	ϕ12mm、ϕ4mm ϕ9.8mm			1
	2	手用铰刀	ϕ10mm			2
操作工具及设备	1	钳工台				每组1台
	2	台虎钳				每人1台
	3	台式钻床				2
	4	划线平台				2
	5	可调铰杠				2
	6	锉刀	300mm（粗、中、细）			每人1套
	7	锯弓	300mm			每人1把
	8	游标高度尺	0～300mm		0.02mm	2把
	9	划规				每人1把
	10	手锤、样冲				每人1套

四、零件钳工工序卡片的制定

依据套配件加工示意图（图 4-100）制定套配件钳工加工工序卡见表 4-25。

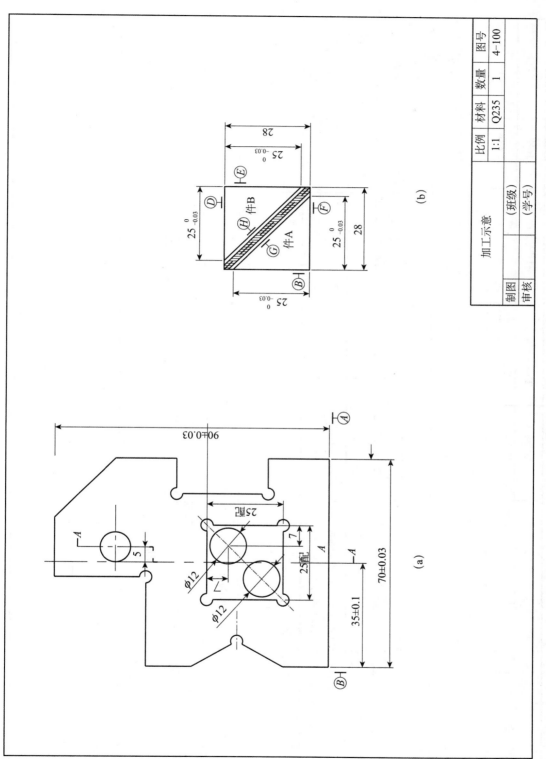

图 4-100　套配件加工示意图

表 4-25　钳工工序卡片

材料	工步	工步内容	工具		刀具			量具	工序号	2
			名称	规格	名称及规格	主轴转数 n	进给速度 f	名称及规格	工序名称	钳工
Q235	1	检查来料尺寸 100mm×75mm×8mm						0-150mm 游标卡尺		
	2	锉削面 A，保证自身平面度，直线度为 0.03mm，表面粗糙度为 Ra3.2，并保证与 C 面的垂直度为 0.03mm	粗、中、细锉刀	300mm				刀口形直角尺		
	3	以面 A 为基准，锉削 B 面，保证与 A，C 面垂直度为 0.03mm，自身平面度，直线度为 0.03mm，表面粗糙度为 Ra3.2	粗、中、细锉刀	300mm				刀口形直角尺		
	4	以基准 A，B 为基准划 70±0.03mm×70±0.03mm 尺寸线，90±0.03mm×90±0.03mm 尺寸线	游标高度尺手锤、样冲	0～300mm 0.5 磅						
	5	锯削多余材料，留锉削余量 0.5～1.2mm	锯弓	300mm						
	6	锉削保证 70±0.03mm×70±0.03mm，90±0.03mm×90±0.03mm，用游标卡尺和千分尺配合测量	粗、中、细锉刀	300mm				游标卡尺 千分尺		
	7	按图纸要求划所有尺寸线，复查并打样冲眼	游标高度尺手锤、样冲	0～300mm 0.5 磅						
	8	钻孔 8×φ4mm，孔 2×φ12mm，φ9.8mm 保证精度要求，（φ12mm 孔位置如图 4-100（a）所示）	台式钻床		φ4mm φ12mm，φ9.8mm 麻花钻	800r/min 480r/min	手动 手动			

工序卡片　　设备　名称　台式钻床　型号
　　　　　　　夹具　名称　台式虎钳　代号

产品代号　　零部件名称　套配件　零部件代号名称　4-99

续表

工步	工步内容	工具 名称	工具 规格	刀具 名称及规格	刀具 主轴转数 n	刀具 进给速度 f	量具 名称及规格
9	锯切 25mm×25mm 方孔余料，以面 A、B 为基准锉削 25mm×25mm 两个尺寸边，并保证与面 A、B 平行，再以这两个尺寸边为基准，锉方孔 25mm×25mm 尺寸为 24.5mm×24.5mm	锯弓 粗、中、细锉刀	300mm 300mm				
10	按线锯切 30mm×30mm，30mm×12mm 缺口，120°、135°角，锉削保证尺寸形状位置公差如图纸要求	锯弓 粗、中、细锉刀	300mm 300mm				
11	如图 4-100（b），将锯切的 30mm×30mm 余料以面 B、D 为基准锉削面 E、F，并保证各形状位置公差同工步 2、3 要求	粗、中、细锉刀	300mm				
12	对角划线，并锯开、锉削 G、H 面，保证自身平面度，直线度为 0.03mm，表面粗糙度为 Ra3.2，并保证直角边 25mm×25mm	钢直尺、划针 粗、中、细锉刀	300mm 300mm				
13	以 A 件为基准锉配凹件基准边，达到同隙一致，A 件不动，以 B 件为基准锉配另一边，达到同隙一致	粗、中、细锉刀	300mm				
14	铰孔 φ10 $^{+0.02}_{\ 0}$ mm	铰杠		M10 丝锥			
15	锐边倒钝，去毛刺						
更改							共 5 页
标记	处数	日期	标记	处数	日期		第 4 页

五、套配件零件的检测（表 4-26）

表 4-26　套配件零件的检测

序号	检测项目	配分	评分标准	检测结果	得分
1	70 ± 0.03mm $\times$ 90 ± 0.03mm	10	超差不得分		
2	25mm $\times$ 25mm	10	超差不得分		
3	25mm 配件	5×2（处）	超差处扣本处分		
4	20 ± 0.05mm	10	超差不得分		
5	表面粗糙度 $Ra3.2\mu$m	8	升高一级扣 2 分		
6	$30^{+0.05}_{0}$mm	8	超差不得分		
7	$12^{+0.1}_{0}$mm	8	超差不得分		
8	30mm $\times$ 30mm 缺口	8	超差不得分		
9	$120°$	5	超差不得分		
10	$135°$	5	超差不得分		
11	$\phi 10^{+0.02}_{0}$mm	5	超差不得分		
12	孔距 70mm	5	超差不得分		
13	安全文明生产	10	视工器具摆放及规范安全操作酌情扣分		

项目四 钳工实训考核试题

任务 1 理论试题

任务目标：

能正确给出试题答案。

一、是非题（是画 √，非画 ×）

1. 0 ～ 25mm 千分尺放置时两测量面之间须保持一定间隙。（　　　）

2. 内径千分尺的刻线方向与外径千分尺的刻线方向相反。（　　　）

3. 塞尺也是一种界限量规。（　　　）

4. 用游标卡尺测量工件时，测力过大或过小均会增大测量误差。（　　　）

5. 游标卡尺尺身和游标上的刻度间距都是 1mm。（　　　）

6. 千分尺活动套管转一周，测微螺杆就移动 1mm。（　　　）

7. 划线的作用只是确定工件的加工余量，使机械加工有明显的加工界限和尺寸界限。（　　　）

8. 找正就是利用划线工具，使工件上有关部位处于合适的位置。（　　　）

9. 划线时涂料只有涂得较厚，才能保证线条清晰。（　　　）

10. 按复杂程度不同，划线作业可分为两种，即平面划线和立体划线。（　　　）

11. 为了划线清晰，对认定后的划线件要进行涂色。（　　　）

12. 立体划线较为复杂，需要找出复杂工件中各自的基准。（　　　）

13. 在划线时用来确定各部位尺寸、几何形状相对位置的依据称为基准。（　　　）

14. 为了划线方便，划线时选取的基准可以不同于设计基准。（　　　）

15. 平面划线一般选一个基准，立体划线一般选两个基准。（　　　）

16. 锯齿有粗细之分或齿距大小之分，齿距是相邻齿尖的距离。（　　　）

17. 锯条的粗细决定容屑的长短。（　　　）

18. 锯硬性的材料和切面较小的工件用细齿锯条。（　　　）

19. 在调和显示剂时，粗刮可调稠些，精刮可调稀些。（　　　）

20. 划线质量与平台的平整性有关。（　　　）

21. 套丝前，圆杆直径太小会使螺纹太浅。（　　　）

22. 锉削可完成工件各种内、外表面及形状较复杂的表面加工。（　　　）

23. 粗齿锉刀适用于锉削硬材料或狭窄平面。（　　　）

24. 锉削狭长平面时，一般选用普通锉法。（　　　）

25. 钻孔时加切削液的主要目的是提高孔的表面质量。（　　　）

26. 装配前准备工作主要包括零件的清理和清洗，零件的密封性试验及旋转件的平衡工

作试验等。（　　）

27. 万能角度尺可以测量（0°～320°）范围的任何角度。（　　）

28. 一般手铰刀的刀齿在圆周上是不均匀分布的。（　　）

29. 在钢件和铸铁件上加工同样直径的内螺纹时，其底孔直径钢件比铸件稍小。（　　）

30. 当螺栓断在孔内时，可用直径比螺纹小径小 0.5～1mm 的钻头钻去螺栓，再用丝锥攻出内螺纹。（　　）

31. 钻头顶角越大，轴间所受的切削力越大。（　　）

32. 麻花钻主切削刃上各点后角不相等，其外缘处后角较小。（　　）

33. 用麻花钻钻较硬材料，钻头的顶角应比钻软材料时磨的小些。（　　）

34. 扩孔钻的刀齿较多，钻心粗，刚度好，因此切削量可大些。（　　）

35. 扩孔的质量比钻孔高，扩孔加工属于孔的精加工。（　　）

36. 铰刀是用于对粗加工的孔，进行精加工的刀具。（　　）

37. 使用新锉刀时，应先用一面，用钝后再用另一面。（　　）

38. 钻小孔时，应选择较大的进给量和较低的转速。（　　）

39. 精刮时，显示剂应调得干些，粗刮时应调得稀些。（　　）

40. 刮削加工能得到较细的表面粗糙度，主要是利用刮刀负前角的推挤和压光作用。（　　）

41. 精刮刀和细刮刀的切削刃都呈圆弧形，但精刮刀的圆弧半径较大。（　　）

42. 不能用锉刀当手锤或撬杠使用避免损坏或伤人。（　　）

43. 锉削的应用范围很广，可加工工件的外表面、内表面及孔、沟槽和各种复杂表面。（　　）

44. 锉刀的齿纹有单齿纹和双齿纹两种。（　　）

45. 攻螺纹前的底孔直径必须大于螺纹标准中规定的螺纹小径。（　　）

46. 丝锥主要由切削部分、修光部分、屑槽和柄部组成。（　　）

47. 套螺纹时出现螺纹歪斜的原因可能是圆杆直径太小。（　　）

48. 钳工常用台虎钳分固定式和回转式两种。（　　）

49. 摇臂钻床的摇臂能绕立柱回转180°，还可以自动升降和加紧定位。（　　）

50. 手电钻在装卸钻头时，应使用专用钥匙。（　　）

51. 划线的借料就是将工件的加工余量进行调整和恰当分配。（　　）

52. 利用分度头划线，当手柄转数不是整数时，可利用分度叉一起进行分度。（　　）

53. 铰孔时，铰削余量越小，铰后的表面越光洁。（　　）

54. 游标卡尺尺用于测量光滑工件的表面，有时也测量粗糙工件和运动着的工件。（　　）

55. 螺旋测微器测量精度比游标量具高，常用来测量精度较高的零件。（　　）

56. 锯条有了锯路，使工件上锯缝宽度大于锯条背部厚度。（　　）

57. 锯条粗细应根据工件材料性质及锯削面宽窄来选择。（　　）

58. 锯割时产生废品的原因可能是锯缝歪斜过多。（　　）

59. 单锉纹锉刀用以锉削硬材料为宜。（　　）

60. 锉削过程中，两手对锉刀压力的大小应保持不变。（　　）

61. 锯条的长度是指两端安装孔的中心距，钳工常用的是 300mm 的锯条。（　　）

62. 圆锉刀和方锉刀的尺寸规格都是以锉刀断面尺寸表示的。(　　　)

63. 划线后检查，是为了检查划线的准确性及是否有漏划的线。(　　　)

64. 手锯由锯弓和锯条两部分组成。(　　　)

65. 钻孔时加切削液的主要目的是提高孔的表面质量。(　　　)

66. 机铰结束后，应先停机再退刀。(　　　)

67. V 形铁主要用来支承、安放表面平整的工件。(　　　)

68. 原始平板采用正研的方法进行刮削，到最后只要任取两块合研都无凹凸现象，则原始平板的刮削已达到要求。(　　　)

69. 细刮时应采用长刮法，而精刮时应采用点刮法进行刮削。(　　　)

70. 钳工的主要任务是加工零件及装配、调试、维修机器等。(　　　)

71. 开动机床时，允许用量具测量工件。(　　　)

72. 机攻螺纹时，丝锥的校准部分不能全部出头，否则退出时造成螺纹烂牙。(　　　)

73. 套螺纹时，圆杆顶端应倒角至 15° ～ 20°。(　　　)

74. 在台虎钳上强力作业时，应尽量使作用力朝向固定钳身。(　　　)

75. 使用砂轮机时，工件可大些，用力应适当，可以有适当的撞击现象存在。(　　　)

76. 高度游标卡尺可用来测量零件的高度和角度。(　　　)

77. 锉刀编号依次由类别代号、型式代号、规格和锉纹号组成。(　　　)

78. 钻削速度是指每分钟钻头的转数。(　　　)

79. 划线时不但要划出清晰均匀的线条，还必须保证尺寸正确，通常精度要求控制在 0.1 ～ 0.25mm。(　　　)

80. 检验刮削精度，用 25mm² 的正方形方框内的研点数来确定，研点数达到 8 ～ 16 个点时，精刮结束。(　　　)

二、选择题（将正确答案的序号写在括号内）

1. 钻孔时的进给量 f 是钻头每转（　　　）周向下移动的距离。

A. 1　　　　　　　　　B. 2　　　　　　　　　C. 3　　　　　　　　　D. 4

2. 划线时，应使划线基准与（　　　）一致。

A. 设计基准　　　　　　B. 安装基准　　　　　C. 测量基准

3. 划线时当发现毛坯误差不大，但用找正方法不能补救时，可用（　　　）方法来予以补救，使加工后的零件仍能符合要求。

A. 找正　　　　　　　　B. 借料　　　　　　　C. 变换基准　　　　　　D. 改图样尺寸

4. Z525 立钻主要用于（　　　）。

A. 镗孔　　　　　　　　B. 钻孔　　　　　　　C. 铰孔　　　　　　　　D. 扩孔

5. 一般划线精度能达到（　　　）。

A. 0.025 ～ 0.05mm　　B. 0.1 ～ 0.3mm　　　C. 0.25 ～ 0.5mm　　　D. 0.25 ～ 0.8mm

6. 平面粗刮刀的楔角一般为（　　　）。

A. 90° ～ 92.5°　　　　B. 95° 左右　　　　　C. 97.5° 左右　　　　　D. 85° ～ 90°

7. 钳工锉的主锉纹角为（　　　）。

A. 45° ～ 52°　　　　　B. 65° ～ 72°　　　　C. 90°

8. 台虎钳的规格是以钳口的（　　　）表示的。

A. 长度　　　　　　　B. 宽度　　　　　　　C. 高度　　　　　　　D. 夹持尺寸

9. 精度为 0.02mm 的游标卡尺，当游标卡尺读数为 30.42 时，游标上的第（　　　）格与主尺刻线对齐。

A. 30　　　　　　　　B. 21　　　　　　　　C. 42　　　　　　　　D. 49

10. 钻头上缠绕铁屑时，应及时停车，用（　　　）清除。

A. 手　　　　　　　　B. 工件　　　　　　　C. 钩子　　　　　　　D. 嘴吹

11. （　　　）就是利用划线工具，使工件上有关的表面处于合理的位置。

A. 吊线　　　　　　　B. 找正　　　　　　　C. 借料

12. 从（　　　）中可以了解装配体的名称。

A. 明细栏　　　　　　B. 零件图　　　　　　C. 标题栏　　　　　　D. 技术文件

13. 标准麻花钻主要用于（　　　）。

A. 扩孔　　　　　　　B. 钻孔　　　　　　　C. 铰孔　　　　　　　D. 锪孔

14. 起锯角约为（　　　）。

A. 10°　　　　　　　B. 15°　　　　　　　C. 20°　　　　　　　D. 25°

15. 扩孔的加工质量比钻孔高，常作为孔的（　　　）加工。

A. 精　　　　　　　　B. 半精　　　　　　　C. 粗　　　　　　　　D. 一般

16. 千分尺的活动套筒转动一格，测微螺杆移动（　　　）。

A. 1mm　　　　　　　B. 0.1mm　　　　　　C. 0.01mm　　　　　　D. 0.001mm

17. 开始工作前，必须按规定穿戴好防护用品是安全生产的（　　　）。

A. 重要规定　　　　　B. 一般知识　　　　　C. 规章　　　　　　　D. 制度

18. 用刮刀在工件表面上刮去一层很薄的金属，可以提高工件的加工（　　　）。

A. 尺寸　　　　　　　B. 强度　　　　　　　C. 耐磨性　　　　　　D. 精度

19. 游标高度尺一般用来（　　　）。

A. 测直径　　　　　　B. 测齿高　　　　　　C. 测高和划线　　　　D. 测高和测深度

20. 圆锉刀的尺寸规格是以锉身的（　　　）大小规定的。

A. 长度　　　　　　　B. 直径　　　　　　　C. 半径　　　　　　　D. 宽度

21. 套螺纹时导致螺纹太浅的原因是（　　　）。

A. 塑性好的材料套丝时，没有用切削液　　　　B. 圆柱直径小

C. 起削后仍加压力扳动　　　　　　　　　　　D. 板牙尺寸调的太小

22. 台虎钳夹紧工件时，只允许（　　　）手柄。

A. 用手锤敲击　　　　B. 用手扳　　　　　　C. 套上长管子扳　　　D. 两人同时扳

23. 攻螺纹时导致螺纹乱扣、断裂、撕破的原因有（　　　）。

①直径太小，丝锥攻不进，使孔口乱扣　②头锥攻过后，攻二锥时放置不正，头、二锥中心不重合　③螺孔攻歪斜很多　④低碳钢及塑性好的材料，攻丝时没用切削液　⑤丝锥切削部分磨钝

A. ①②④⑤　　　　　B. ②③④⑤　　　　　C. ①②③⑤　　　　　D. ①②③④⑤

24. 内径百分表表盘沿圆周有（　　　）刻度。

A. 50　　　　　　　　B. 80　　　　　　　　C. 100　　　　　　　　D. 150

25. 用划针划线时，针尖要紧靠（　　）的边沿。

A. 工具　　　　　　　B. 导向工具　　　　C. 平板　　　　　　　D. 角尺

26. 分度头的手柄转一周，装夹在主轴上的工件转（　　）。

A. 1 周　　　　　　　B. 20 周　　　　　　C. 40 周　　　　　　D. 1/40 周

27. 锉刀共分三种：普通锉、特种锉、（　　）。

A. 刀口锉　　　　　　B. 菱形锉　　　　　　C. 整形锉　　　　　　D. 椭圆锉

28. 锯路分为交叉形和（　　）。

A. 波浪形　　　　　　B. 八字形　　　　　　C. 鱼鳞形　　　　　　D. 螺旋形

29. 一般手锯的往复长度不应小于锯条长度的（　　）。

A. 1/3　　　　　　　B. 2/3　　　　　　　C. 1/2　　　　　　　D. 3/4

30. 在钻壳体与其相配衬套之间的骑缝螺纹底孔时，由于两者材料不同，孔中心的样冲眼要打在（　　）。

A. 略偏于硬材料一边　　　　　　　　　　B. 略偏于软材料一边

C. 两材料中间　　　　　　　　　　　　　D. 衬套上

31. 钻直径超过 30mm 的大孔一般要分两次钻削，先用（　　）孔径的钻头钻孔，然后用与要求的孔径一样的钻头扩孔。

A. 0.3 ～ 0.4　　　　B. 0.5 ～ 0.7　　　　C. 0.8 ～ 0.9　　　　D. 1 ～ 1.2

32. M3 以上的圆板牙尺寸可调节，其调节范围是（　　）。

A. 0.1 ～ 0.5mm　　　B. 0.6 ～ 0.9mm　　　C. 1 ～ 1.5mm　　　　D. 2 ～ 1.5mm

33. 套丝前圆杆直径应（　　）螺纹的大径尺寸。

A. 稍大于　　　　　　B. 稍小于　　　　　　C. 等于　　　　　　　D. 大于或等于

34. 刮削后的工件表面，形成了比较均匀的微浅凹坑，创造了良好的存油条件，改善了相对运动件之间的（　　）情况。

A. 润滑　　　　　　　B. 运动　　　　　　　C. 摩擦　　　　　　　D. 机械

35. 粗刮时，显示剂调的（　　）。

A. 干些　　　　　　　B. 稀些　　　　　　　C. 不干不稀　　　　　D. 稠些

36. 主要用于碳素工具钢、合金工具钢、高速钢工件研磨的磨料是（　　）。

A. 氧化物磨料　　　　B. 碳化物磨料　　　　C. 金刚石磨料　　　　D. 氧化铬磨料

37. 用机械方法攻螺纹时，要保证丝锥与孔的（　　）。

A. 平行度　　　　　　B. 同轴度　　　　　　C. 圆度　　　　　　　D. 面轮廓度

38. 按规定的技术要求，将若干零件结合成部件或若干个零件和部件结合成机器的过程称为（　　）。

A. 装配　　　　　　　B. 装配工艺过程　　　C. 装配工艺规程　　　D. 装配工序

39. 要在一圆盘面上划出六边形，问每划一条线后分度头的手柄应摇（　　）周，再划第二条线。

A. 2/3　　　　　　　B. 6·2/3　　　　　　C. 6/40　　　　　　　D. 1

40. 立式钻床的主要部件包括主轴变速箱、进给变速箱、主轴和（　　）。

A. 进给手柄　　　　　B. 操纵结构　　　　　C. 齿条　　　　　　　D. 钢球接合子

41. 立钻 Z525 主轴最高转速为（　　　）。

A. 97r/min　　　　　　B. 1360r/min　　　　　C. 1420r/min　　　　　D. 480r/min

42. 下列哪一项不能用游标卡尺来测量（　　　）。

A. 圆跳度　　　　　　B. 外部尺寸　　　　　C. 内部尺寸

43. 0.02mm 游标卡尺的游标上，第 50 格与尺身上（　　　）mm 刻度对齐。

A. 49　　　　　　　　B. 39　　　　　　　　C. 19

44. 丝杠螺母副的配合精度，常以（　　　）间隙来表示。

A. 轴向　　　　　　　B. 法向　　　　　　　C. 径向

45. 游标深度尺主要用来测量（　　　）。

A. 深度、台阶　　　　B. 内孔　　　　　　　C. 外孔　　　　　　　D. 较长工件

46. 下列哪种测量工具不属于螺旋测微器（　　　）。

A. 外径千分尺　　　　B. 内径千分尺　　　　C. 游标卡尺　　　　　D. 深度千分尺

47. 读出图中游标卡尺所示尺寸（　　　）。

A. 3.9　　　　　　　　B. 27.94　　　　　　C. 7.94　　　　　　　D. 28.94

48. 下列不属于常见划线工具的是（　　　）。

A. 划针　　　　　　　B. 游标卡尺　　　　　C. V 形铁　　　　　　D. 高度游标尺

49. 按在加工中的作用，划线分类不正确的是（　　　）。

A. 加工线　　　　　　B. 指引线　　　　　　C. 证明线　　　　　　D. 找正线

50. 高度游标尺是划线与测量结合体的精密划线工具，由主尺、副尺、划线脚组成，一般精度约（　　　）mm。

A. 0.02　　　　　　　B. 0.05　　　　　　　C. 0.01　　　　　　　D. 0.5

51. 平面划线就是将所掌握的各种（　　　）运用到实际的划线工作中。

A. 手工作图　　　　　B. CAD 辅助制图　　　C. 几何画法　　　　　D. 平面画图

52. 立体划线较为复杂，它主要是借助专用的划线工具、测量工具和其他一些辅助工具，找出复杂工件中共有的（　　　）。

A. 基准　　　　　　　B. 平面　　　　　　　C. 界限

53. 一般来说锯软的材料和切面较大的工件用（　　　）锯条。

A. 粗齿　　　　　　　B. 细齿　　　　　　　C. 斜齿

54. 一般来说锯硬性的材料和切面较小的工件用（　　　）锯条。

A. 粗齿　　　　　　　B. 细齿　　　　　　　C. 斜齿

55. 安装锯条时锯齿应（　　　），安装后锯条不应过紧或过松。

A. 朝后　　　　　　　B. 朝前　　　　　　　C. 朝上　　　　　　　D. 朝下

56. 下面所列选项中不属于平面刮削经过的是（　　　）。

A. 粗刮　　　　　　　B. 细刮　　　　　　　C. 半精刮　　　　　　　D. 精刮

57. 为提高金属切削机床的导轨面、滑板等的精度要求，常采用（　　　）的方法。

A. 刨削　　　　　　　B. 铰削　　　　　　　C. 铣削　　　　　　　D. 刮削

58. 在刮削时，用曲面刮刀在曲面内作（　　　）运动，以标准轴或与其相配合使用的工作轴作为研接触点的工具。

A. 曲线　　　　　　　B. 螺旋　　　　　　　C. 直线　　　　　　　D. 回转

59. 选择锉刀时，要根据工件（　　　）的要求，选用合适的锉刀。

A. 加工精度　　　　　B. 表面粗糙度　　　　C. 装配精度　　　　　D. 位置度

60. 锉削时要根据工件的形状、大小、（　　　）等因素，选择合适的锉刀进行锉削工作。

A. 强度　　　　　　　B. 韧性　　　　　　　C. 材料　　　　　　　D. 塑性

61. 普通锉法中，锉刀（　　　）移动，每次退回锉刀时向旁边移动 5～10mm。

A. 单方向　　　　　　B. 双向　　　　　　　C. 沿某一方向

62. 扩孔加工属孔的（　　　）。

A. 粗加工　　　　　　B. 精加工　　　　　　C. 半精加工

63. 铰孔结束后，铰刀应（　　　）退出。

A. 正转　　　　　　　B. 反转　　　　　　　C. 正反转均可

64. 下列选项中，不属于钻孔常用机具的是（　　　）。

A. 手摇钻　　　　　　B. 手电钻　　　　　　C. 交磨机　　　　　　D. 摇臂钻床

65. 下列所列选项中不属于钻头种类的是（　　　）。

A. 麻花钻　　　　　　B. 扁钻　　　　　　　C. 深孔钻　　　　　　D. 圆钻

66. 钻孔时的进给量 f 是钻头每转（　　　）周向下移动的距离。

A. 1　　　　　　　　B. 2　　　　　　　　C. 3　　　　　　　　D. 4

67. 扩孔的质量比钻孔（　　　），常作为孔的（　　　）加工。

A. 低；半精　　　　　B. 高；精密　　　　　C. 高；半精　　　　　D. 低；精密

68. 铰削时出现孔壁表面粗糙有划痕的原因是（　　　）。

①铰削余量过大或留小　②铰刀刃口磨钝　③铰刀切削部分前后刀面粗糙刃口有崩裂　④切屑黏积过多　⑤刃口上有顽固的刀瘤　⑥切削速度太快　⑦切削液选用不当

A. ①②③④⑤⑥⑦　　B. ②③④⑤　　　　　C. ①③⑤⑥⑦　　　　D. ③④⑤⑥

69. 手铰刀的校准部分是（　　　）。

A. 前小后大的锥形　　B. 前大后小的锥形　　C. 圆柱形

70. 精铰 ϕ20mm 的孔（已粗铰过）应留（　　　）mm 加工余量。

A. 0.02～0.04　　　　B. 0.1～0.2　　　　　C. 0.3～0.4

71. 铰刀的前角是（　　　）。

A. -10°　　　　　　　B. 10°　　　　　　　C. 0°

72. 用三块平板采取互研互刮的方法，刮削成精密的平板，这种平板称（　　　）。

A. 标准平板　　　　　B. 原始平板　　　　　C. 基准平板　　　　　D. 校准平板

73. 三角蛇头刮刀最适合刮（　　　）。

A. 平面　　　　　　　B. 钢套　　　　　　　C. 轴承衬套

74. 手铰刀刀齿的齿距在圆周上是（　　　）。

A. 均布　　　　　　　　B. 不均布　　　　　　C. 均布、不均布都可以

75. 在砂轮机上磨刀具，应站在（　　）操作。

A. 正面　　　　　　　　B. 任意　　　　　　　C. 侧面

76. 钻孔时出现孔壁粗糙的原因有（　　）。

①钻头后角过大　②钻头不锋利　③两切削刃不等长　④走刀量太大

⑤冷却不足，冷却润滑性能不好　⑥进刀太急

A. ①①③⑤⑥　　　　B. ②③⑤⑥　　　　C. ①②④⑤　　　　D. ①②③④⑤⑥

77. 攻螺纹前的底孔直径应（　　）螺纹小径。

A. 略大于　　　　　　　B. 略小于　　　　　　C. 等于

78. M6～M24 的丝锥每套为（　　）。

A 一件　　　　　　　　B. 两件　　　　　　　C. 三件

79. 套丝时应将圆杆端部倒 30 角，倒角锥体小头一般应（　　）螺纹内径。

A. 大于　　　　　　　　B. 等于　　　　　　　C. 小于

80. 配钻直径为 $\phi40mm$ 的孔，一般应选用（　　）加工。

A. 台钻　　　　　　　　B. 立钻　　　　　　　C. 摇臂钻

81. 台钻累计运转 500h 后应进行（　　）保养。

A. 一级　　　　　　　　B. 二级　　　　　　　C. 三级

82. 零件在装配前，不论是新件还是已清洗过的旧件都要进一步（　　）。

A. 检查　　　　　　　　B. 清洗　　　　　　　C. 涂润滑油

83. 装配完成后，都应保证各密封处（　　）。

①严密　②不漏水　③不漏油　④不漏气

A. ①②③　　　　　　B. ①③④　　　　　C. ②③④　　　　　D. ①②③④

84. 划线作业可分为两种，分别为（　　）。

A. 水平线和垂直线　　　　　　　　B. 空间划线和方位划线

C. 平面划线和立体划线

85. 工具制造厂出厂的标准麻花钻，顶角为（　　）。

A. 110°±2°　　　　　B. 118°±2°　　　　C. 125°±2°

86. 麻花钻横刃修磨后，其长度（　　）。

A. 不变　　　　　　　B. 是原来的 1/2　　　　C. 是原来的 1/5～1/3

87. 在钳工的装配和检修工作中，使用（　　）可以测量和校验某些零件、部件的同轴度、直线度、垂直度等组装后的精度。

A 外径千分尺　　　　　B. 百分表

C. 游标卡尺　　　　　　D. 深度千分尺

88. 读出图中所示千分尺所示尺寸（　　）。

A. 6.30　　　　　　　B. 6.25

C. 6.28　　　　　　　D. 6.78

89. 游标卡尺读数方法正确的是（　　）。

① 读出副尺零线前主尺上的整数 ② 将主尺上的整数与副尺上的小数相加

③ 查出副尺上哪一条线与主尺刻线对齐

A. ①②③　　　　　　　B. ②①③　　　　　　　C. ①③②

90. 为了使钻头在切削过程中，既能保持正确的切削方向，又能减小钻头与孔壁的摩擦，钻头的直径应当（　　　）。

A. 向柄部逐渐减小　　　B. 向柄部逐渐增大　　C. 保持不变

91. 在已加工表面划线时，一般使用涂料（　　　）。

A. 白喷漆　　　　　　　B. 涂粉笔　　　　　　C. 蓝油

92. 在锉刀工作面上起主要锉削作用的锉纹是（　　　）。

A. 主锉纹　　　　　　　B. 辅锉纹　　　　　　C. 边锉纹

93. 推锯时，锯齿起切削作用，要给以适当（　　　）；回锯时（　　　）。

A. 推力；稍有切削　　　B. 压力；不切削　　　C. 推力；不切削　　　D. 压力；稍有切削

94. 起锯时，利用锯条前端或后端靠在一个面的棱边上起锯，距离要（　　　），压力要（　　　），这样尺寸才能准确、锯齿容易吃进。

A. 宽；大　　　　　　　B. 长；小　　　　　　C. 短；大　　　　　　D. 短；小

95. 锯割深缝时，应将锯条在锯架上转动（　　　），操作时使锯架放平。

A. 30°　　　　　　　　　B. 45°　　　　　　　　C. 60°　　　　　　　　D. 90°

96. 锯割硬金属时，速度要（　　　），压力要（　　　）一些；锯割软材料金属时，速度要（　　　），压力（　　　）。

A. 慢；大；快；小　　　B. 慢；小；快；大　　C. 快；小；慢；大　　D. 快；大；快；小

97. 锯割扁钢时为了得到整齐的锯口，应从扁钢较（　　　）的面下锯，这样锯缝较（　　　），锯条不致卡住。

A. 窄；宽　　　　　　　B. 宽；浅　　　　　　C. 长；宽

98. 造成锯割时产生废品的原因有（　　　）。

①尺寸锯的太小 ②锯割时用力不均匀 ③锯缝歪斜过多
④锯齿损坏 ⑤起锯时把工作表面锯坏

A. ①②④⑤　　　　　　B. ①②⑤　　　　　　C. ①③⑤　　　　　　D. ②③④⑤

99. 刮削加工平板精度的检查常用研点的数目来表示，用边长为（　　　）的正方形方框罩在被检查面上。

A. 24mm　　　　　　　B. 25mm　　　　　　　C. 50mm　　　　　　　D. 20mm

任务 2　实训考核试题

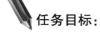

任务目标：

能根据图纸完成零件加工。

一、钳工考核试题要求

（1）本题分值：100 分。

（2）考核时间：5h。

（3）具体考核要求：按工件图样完成加工操作。

二、工量具备料单

（1）材料准备，见表4-27。

表4-27　材料准备清单

名称	规格	数量	要求
钢板	100mm×75mm×8mm	1块/每位考生	

（2）工量具清单，见表4-28。

表4-28　工量具清单

工量刃具 准备清单		产品名称		产品型号	
		零件名称	燕尾锉配	零件编号	4-101
时间		件数		图纸编号	
材料		下料尺寸		指导教师	
类别	序号	名称	规格或型号	精度	数量
量具	1	游标卡尺	0～150mm	0.02mm	每组1把
	2	刀口形直角尺			每组1把
	3	直尺	0～300mm		每人1把
刃具	1	麻花钻	φ12mm、φ4mm、φ8.6mm、φ10mm		各1支
	2	手用丝锥	M10mm		2套
操作工具及设备	1	钳工台			每组1台
	2	台虎钳			每人1台
	3	台式钻床			2
	4	划线平台			2
	5	可调铰杠			2
	6	锉刀	300mm（粗、中、细）		每人1套
	7	锯弓	300mm		每人1把
	8	游标高度尺	0～300mm	0.02mm	2把
	9	划规			每人1把
	10	手锤、样冲			每人1套

三、评分标准

（1）操作技能考核总成绩见表4-29。

表4-29　操作技能考核总成绩表

序号	项目名称	配分	得分	备注
1	现场操作规范	10		
2	工序制定	20		
3	工件质量	70		
	合　计	100		

（2）现场操作规范评分见表 4-30。

表 4-30　现场操作规范评分表

序号	项目	考核内容	配分	考场表现	得分
1	现场操作规范	工具的正确使用	2		
2		量具的正确使用	2		
3		设备的正确操作	2		
4		加工内容的规范操作	4		
合计			10		

（3）工序制定评分见表 4-31。

表 4-31　工序制定评分表

序号	项目	考核内容	配分	实际情况	得分
1	工序制定	工序制定合理	10		
2	选择工具	合理、得当、正确	10		
合计			20		

四、钳工考核试题与工件质量评分标准

1. 钳工考核试题

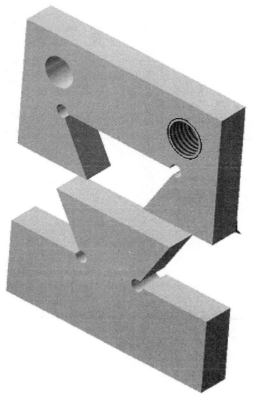

（a）燕尾锉配 3D 图

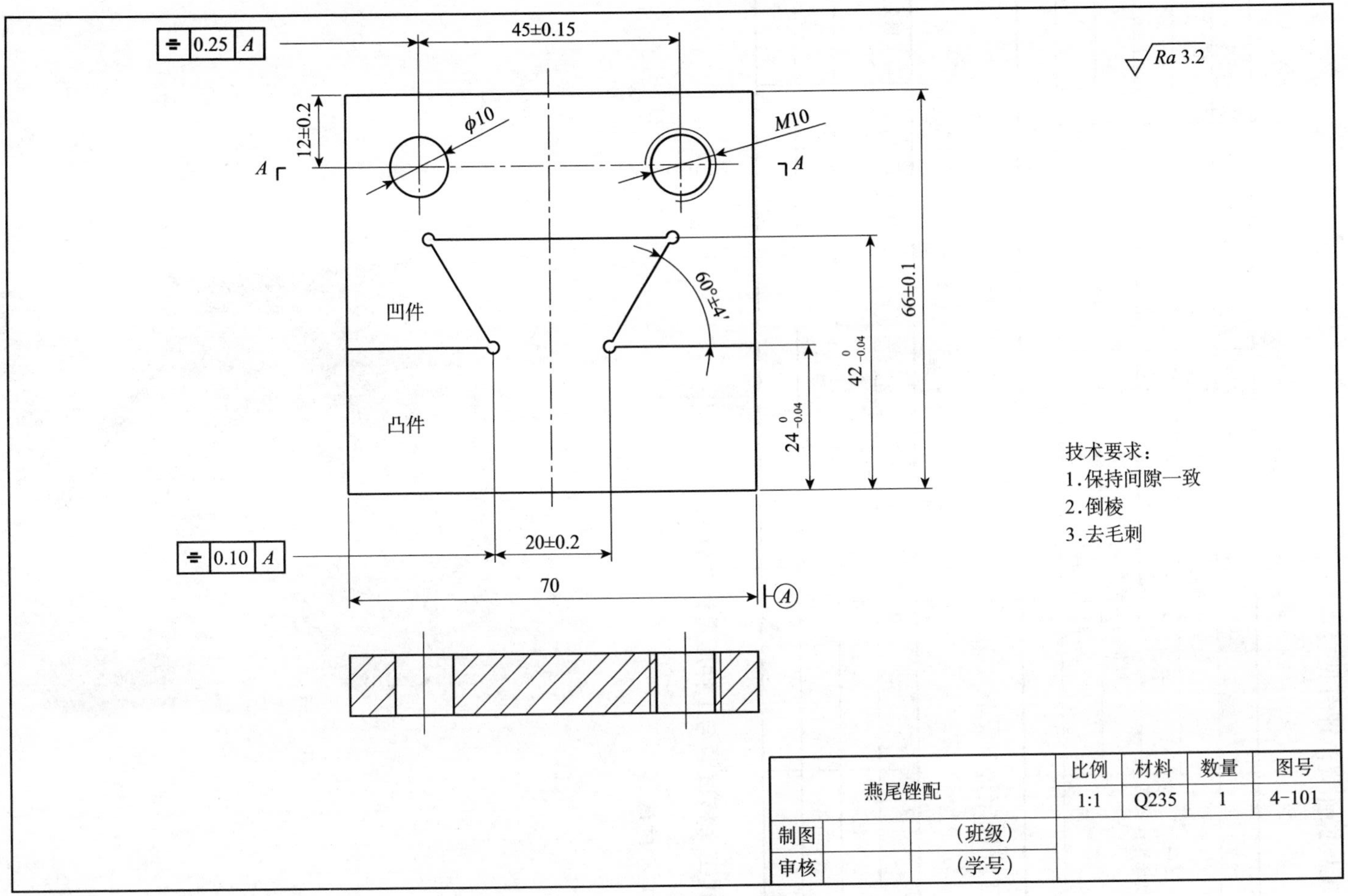
0.25 A
45±0.15
Ra 3.2
12±0.2
φ10
M10
A
60°±4′
凹件
凸件
$24^{\ 0}_{-0.04}$
$42^{\ 0}_{-0.04}$
66±0.1
0.10 A
20±0.2
70
A
技术要求：
1.保持间隙一致
2.倒棱
3.去毛刺
燕尾锉配
比例 材料 数量 图号
1:1 Q235 1 4-101
制图 （班级）
审核 （学号）

（b）燕尾锉配工程图

图 4-101　钳工考核试题——燕尾锉配

2. 钳工考核试题质量评分表（表 4-32 和表 4-33）

表 4-32　钳工考核试题质量评分表

序号	检测项目	配分	评分标准	检测结果	得分
1	$42_{-0.04}^{0}$ mm	6×2（处）	超差处扣本处分		
2	$24_{-0.04}^{0}$ mm	8	超差不得分		
3	$60° ±4'$（2 处）	4×2（处）	超差处扣本处分		
4	$20 ± 0.2$mm	4	超差不得分		
5	表面粗糙度 $Ra3.2\mu m$	8	升高一级扣 2 分		
6	⟦═ 0.10 A⟧	4	超差不得分		
7	配合间隙≤ 0.04mm	4×5（处）	超差处扣本处分		
8	错位量≤ 0.06mm	4	超差不得分		
9	$\phi10_{\ 0}^{+0.05}$mm	4	超差不得分		
10	M10–H7	6	超差不得分		
11	$12 ± 0.2$mm	2（处）	超差处扣本处分		
12	$45 ± 0.15$mm	4	超差不得分		
13	⟦═ 0.25 A⟧	6 分	超差不得分		
14	安全文明生产	10	视工器具摆放及规范安全操作酌情扣分		

表 4-33　钳工工序卡片

工序卡片	产品代号		零部件名称		零部件代号名称			工序号		2
	设备	名称								
		型号								
	夹具	名称								
		代号								
工步内容	工具			刀具			量具			
	名称	规格	名称及规格	名称及规格	主轴转数 n	进给速度 f	名称及规格			
材料										

续表

工步内容	工具		刀具			量具		
	名称	规格	名称及规格	主轴转数 n	进给速度 f	名称及规格		

共　页

第　页

更改	标记	处数	日期	标记	处数	日期

模块 ⑤ 创新设计与制造

项目一　指定比赛项目——鲁班锁

项目目标：

（1）能根据图纸完成设计。

（2）能根据图纸完成工艺分析。

（3）能根据图纸完成加工及装配。

一、比赛要求

（1）分值：100分。

（2）考核时间：12h。

（3）按工件图样完设计、制造与装配。

二、工量具备料单

（1）材料准备，见表5-1。

表 5-1　材料准备清单

名称	规格	数量	要求
方钢	380mm×12mm×12mm	1套/每组考生	

（2）工量具清单，见表5-2。

表 5-2　工量具清单

工量刃具准备清单		产品名称		产品型号	
		零件名称	鲁班锁	零件编号	4-102
时间		件数		图纸编号	
材料		下料尺寸		指导教师	
类别	序号	名称	规格或型号	精度	数量
量具	1	游标卡尺	0～150mm	0.02mm	每组1把
	2	刀口形直角尺			每组1把
	3	直尺	0～300mm		每人1把
操作工具及设备	1	钳工台			每组1台
	2	台虎钳			每人1台
	3	划线平台			2
	4	锉刀	粗、细齿方锉		每人1把
	5	锯弓	300mm		每人1把
	6	游标高度尺	0～300mm	0.02mm	2把

三、评分标准

（1）总成绩见表5-3。

表 5-3 操作技能考核总成绩表

序号	项目名称	配分	得分	备注
1	现场操作规范	10		
2	工序制定	20		
3	工件质量	70		
合　计		100		

（2）现场操作规范评分见表 5-4。

表 5-4 现场操作规范评分表

序号	项目	考核内容	配分	考场表现	得分
1		工具的正确使用	2		
2	现场操作规范	量具的正确使用	2		
3		设备的正确操作	2		
4		加工内容的规范操作	4		
合计			10		

（3）工序制定评分见表 5-5。

表 5-5 工序制定评分表

序号	项目	考核内容	配分	实际情况	得分
1	工序制定	工序制定合理	10		
2	选择工具	合理、得当、正确	10		
合计			20		

四、鲁班锁图纸

1. 鲁班锁总装图
鲁班锁为 6 个工件组合而成，如图 5-1 所示。

图 5-1 鲁班锁

2. 鲁班锁零件图
各工件如图 5-2 ～图 5-6 所示，其中 1、2、3、5 号件要求根据 3D 图和主视图绘制出俯视图。

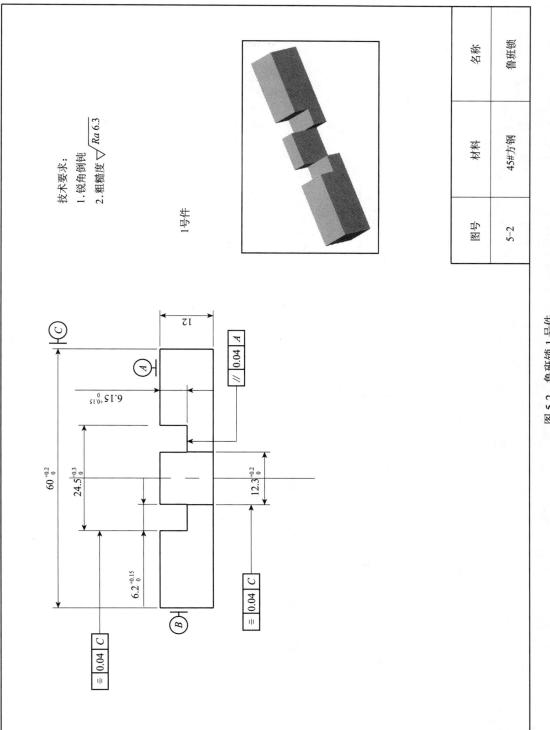

技术要求：
1. 锐角倒钝
2. 粗糙度 $\sqrt{Ra\,6.3}$

1号件

图号	材料	名称
5-2	45#方钢	鲁班锁

图 5-2　鲁班锁 1 号件

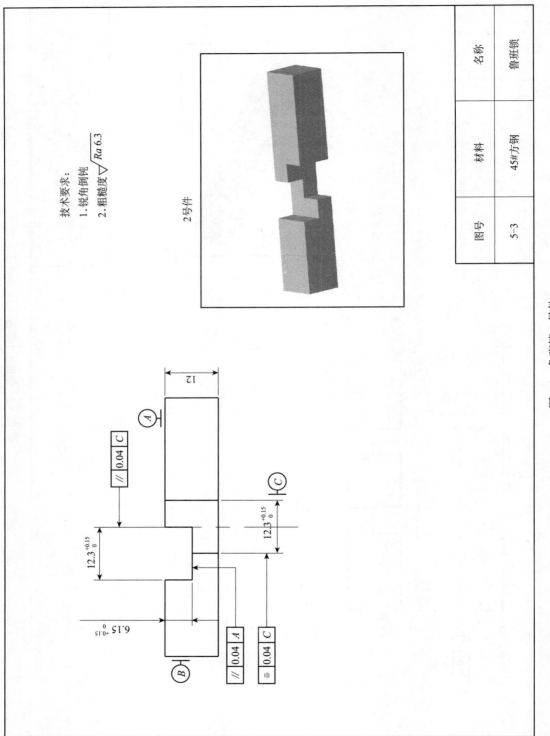

图 5-3 鲁班锁 2 号件

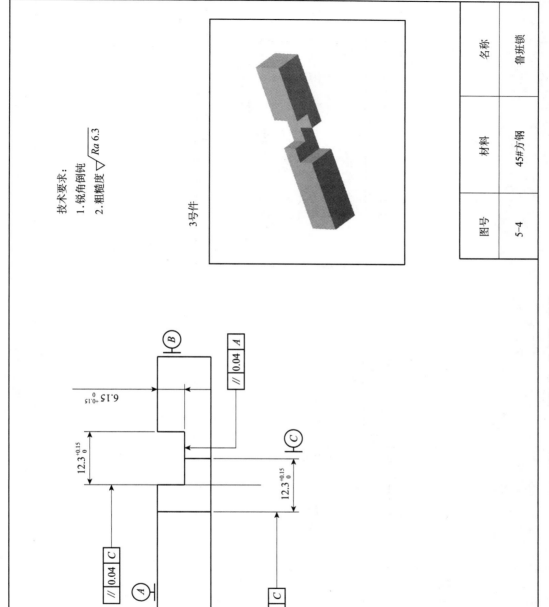

技术要求：
1. 锐角倒钝
2. 粗糙度 $\sqrt{Ra\ 6.3}$

3号件

图号	材料	名称
5-4	45#方钢	鲁班锁

图 5-4　鲁班锁 3 号件

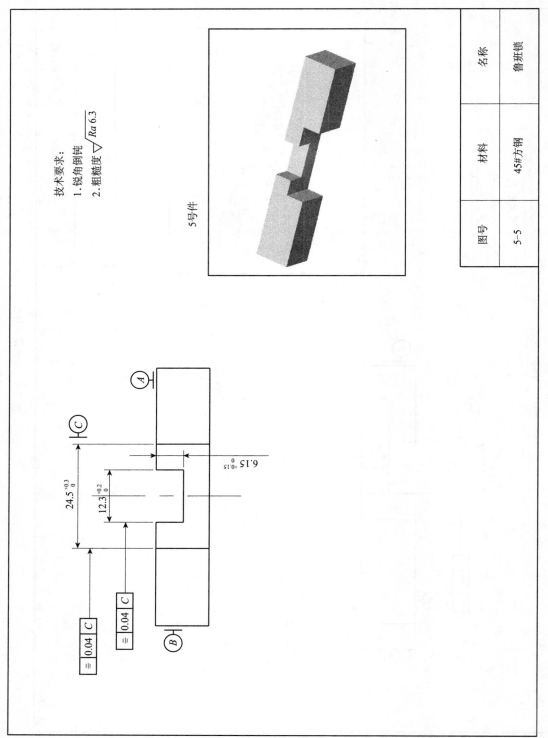

技术要求:
1.锐角倒钝
2.粗糙度 $\sqrt{Ra\,6.3}$

5号件

名称		鲁班锁
材料		45#方钢
图号		5-5

$24.5^{+0.3}_{0}$

$12.3^{+0.2}_{0}$

$6.15^{+0.15}_{0}$

图 5-5 鲁班锁 5 号件

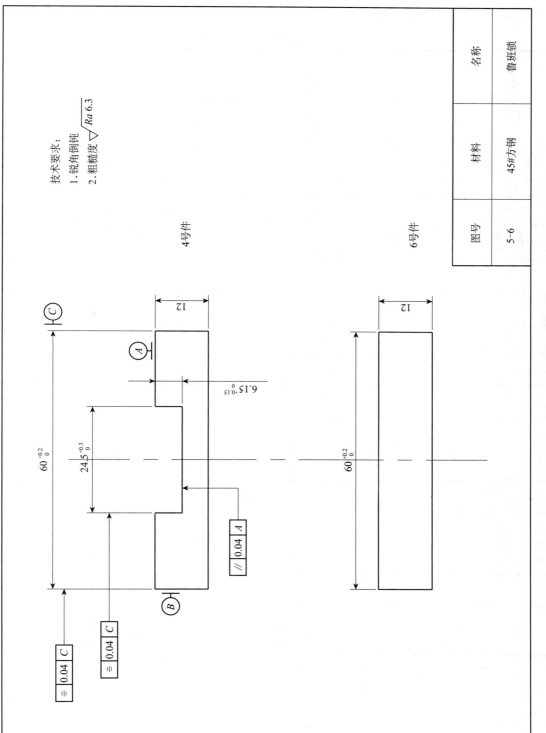

图 5-6　鲁班锁 4、6 号件

3. 工艺分析（表5-6～表5-8）

表 5-6　机械加工工艺过程卡片

机加工实训基地		工艺过程卡		产品型号		零件图号				
				产品名称		零件名称	鲁班锁	共　页	第　页	

材料牌号		毛坯种类		毛坯外形尺寸			毛坯件数		每台件数	

工序号	工序名称	工序内容		工段	设备	工时		备注	
						准终	单件		
1									
2									
3									
4									
5									
6									
7									
8									
9									
10									
11									

签字	日期标记	处数	更改文件号	设计（日期）	校对（日期）	审核（日期）	标准化（日期）	会签（日期）

表 5-7　钳工工序卡片

工序卡片			产品代号		零部件名称		零部件代号名称		工序号		2	
设备	名称		夹具	名称								
	型号			代号								
材料	工步内容	工具		刀具				量具				
		名称	规格	名称及规格	名称及规格	主轴转数 n	进给速度 f	名称及规格				

续表

工步内容	工具		刀具			量具
	名称	规格	名称及规格	主轴转数 n	进给速度 f	名称及规格
1						
2						
3						

共 页

第 页

更改	标记	处数			日期	标记	处数			日期

表 5-8 机械加工工序卡片

		工卡卡片		产品代号		零部件名称	零部件代号名称		工序号	
材料									工序名称	
	设备	车床	名称		名称					
			型号		代号					
	夹具									
工步内容			名称及规格	主轴转数 n	进给速度 f	切削深度 t	辅具 名称及规格	量具 名称及规格		
				刀具						
1										
2										
3										
4										
5										
6										
7										
8										
9										
10										
11										
标记	处数			日期		标记	处数		日期	

项目二 创新设计项目

根据所学知识完成以下工作

（1）产品设计：通过制图的方式把产品的形状以平面或立体的形式展现出来。

（2）方案分析：把规划设想、问题解决的方法，通过车工、铣工和钳工的制造工艺表达出来。

一、产品设计

1. 产品总装图

2. 零件图

技术要求：
1. 锐角倒钝
2. 粗糙度 $\sqrt{Ra\,6.3}$

图号	材料	名称
5-7		

技术要求：
1. 锐角倒钝
2. 粗糙度 $\sqrt{Ra\,6.3}$

名称		
材料		
图号	5-8	

技术要求：
1. 锐角倒钝
2. 粗糙度 $\sqrt{Ra\,6.3}$

图号	材料	名称
5-9		

3. 工艺分析（表 5-9～表 5-11）

表 5-9　机械加工工艺过程卡片

机加工实训基地	工艺过程卡		产品型号		零件图号				
			产品名称		零件名称			共　页	第　页
材料牌号		毛坯种类		毛坯外形尺寸		毛坯件数		每台件数	
工序号	工序名称	工序内容			工段	设备	工时		备注
							准终	单件	
1									
2									
3									
4									
5									
6									
7									
8									
9									
10									
11									
签字	日期标记	处数	更改文件号	设计（日期）	校对（日期）	审核（日期）	标准化（日期）		会签（日期）

表 5-10　钳工工序卡片

工序卡片	产品代号	零部件名称	零部件代号名称	工序号	2

设备	名称		夹具	名称	
	型号			代号	

工步内容	工具		刀具			量具
	名称	规格	名称及规格	主轴转数 n	进给速度 f	名称及规格

材料						

续表

工步内容	工具		刀具			量具
	名称	规格	名称及规格	主轴转数 n	进给速度 f	名称及规格

更改	标记	处数	日期	标记	处数	日期	共　页
							第　页

表 5-11　机械加工工序卡片

工卡卡片		产品代号	零部件名称	零部件代号名称	工序号
					工序名称
设备	车床	名称			
		型号			
	夹具	名称			
		代号			
材料					

工步内容	刀具 名称及规格	主轴转数 n	进给速度 f	切削深度 t	辅具 名称及规格	量具 名称及规格
1						
2						
3						
4						
5						
6						
7						
8						
9						
10						
11						

标记	处数	日期	标记	处数	日期

参 考 文 献

劳动和社会保障部编 .2003. 国家职业标准汇编（第一分册）. 北京：中国劳动社会保障出版社 .

金福昌 .2005. 车工（初级）. 北京：机械工业出版社 .

机械工业职业教育研究中心 .2004. 北京：车工技能实战训练 . 机械工业出版社 .

机械工业职业教育研究中心 .2004. 北京：铣工技能实战训练 . 机械工业出版社 .

胡家富 .2006. 铣工（初级）. 北京：机械工业出版社 .

双元制培训机械专业实习教材编委会编 .2015. 钳工基础技能 . 北京：机械工业出版社 .

苏伟，朱红梅 .2010. 模具钳工技能实训 . 北京：人民邮电出版社 .

劳动和社会保障部教材办公室组织编写 . 钳工知识与技能 . 北京：中国劳动社会保障出版社 .

王永明 .2007. 钳工基础技能 . 北京：金盾出版社 .

闻健萍 .2005. 钳工技能实训 . 北京：高等教育出版社 .